우리동네, 구미

구미 재발견을 위한
문화안내서

임수현·이진우·남진실 지음

우리동네,
구미

삼일북스

이제야, 구미를 소개합니다

김기중

구미 삼일문고 대표

구미에서 서점을 하며 책과 사람을 잇고 있다. 서점이라는 공간은 구미 지역 사람들은 물론이고 다른 지역 분들도 꽤 많이 오셔서 이런저런 이야기를 나누는 재미가 있다. 그렇게 책과 사람을 잇다 보면 늘 아쉬운 점이 하나 있다. 구미를 제대로 소개할 책 한 권이 없다는 것. 생각해 보면 참 희한한 일이다. 특히 구미 인구 42만 명 중 고향이 아닌 주민이 80%를 차지하는 도시라는 것을 생각해 보면 더 그렇다. 온갖 책을 소개하고 알리고 권하며 살고 있는데, 정작 내가 살고 있는 지역을 조금 더 알고 싶은 사람이나 혹은 아예 몰라서 알고자 하는 사람에게 소개할 책이 없다는 것이 누구보다 안타깝고 아쉬웠다.

이런 속앓이를 해 오던 차에 고민을 함께 할 수 있는 사람들을 만났다. 서점의 상주 작가이던 임수현 시인과 구미 지역 작가인 이진우 동화작가, 그리고 서점원 남진실 씨와 의기투합해 구미를 알릴 책을 한번 내보자는 결심을 하게 됐다. 처음 책을 기획했을 때는 이 책 한 권만 보면 구미에 관한 모든 것을 알 수 있게 하겠다는 의욕으로 가득했다. 작가마다 7~8꼭지씩 맡아서 구미를 모두 담아보자던 원래의 원대한 계획은 자료조사 단계부터 혼란과 어려움에 봉착했다. 구미에 관해 알아갈수록 더 모르겠다는 생각이 우리 모두를 당황하게 했다. 어쩌면 우리는 그저 이곳에 오래 살았으니 당연히 알 것이라 착각했나 보다.

일 년간 좌충우돌의 과정을 겪으며 구미에 관한 이야기는 산처럼 쌓였다가 절반으로 깎이기도 하고 다시 쌓아 올렸다가 되레 평지가 되고 그러다 또다시 쌓이곤 했다. 그러면서 점점 더 많은 정보를 전달하고자 힘썼던 마음을 적절히 덜어내는 데 더 쏟게 되었다. 그럼에도 읽는 재미가 있어서 구미에 살든, 여행자이든, 구미에 대해 더 알아가고 싶게 하는 책이기를 바라는 바람은 늘 한결같았다.

개인적으로는 이 책을 계기로 평상시 가지 못했던 곳까지 구미를 돌아보며 더 많은 애정이 생겼다. 낙동강을 따라 자전거를 타며 해 지는 노을을 바라보는 것도, 왠지 푸근함을 안겨 주는 해평 들판도 각별히 좋아하게 되었다. 그리고 힘들 때 위로를 받는 나만의 공간도 생겼다. 이 책을 통해 여러분도 위안과 휴식이 되는 '나만의 공간'을 이곳 구미에서 찾을 수 있으면 좋겠다. 그 장소의 의미와 이야기를 알게 되어 새삼 특별해진 그곳에서 안온함을 느끼길 바라고 또한 우리가 사는 이 땅에 대한 애정이 뭉근하게 고이기를 바란다. 그렇다고 해서 구미가 다른 지역보다 더 아름답다거나 더 좋다는 식의 무조건적인 주장을 하는 책이 아니라는 것 또한 알아주기를 바란다.

골목길 경제학자로 불리는 모종린 교수께서 "구미는 저평가된 도시"라고 한 말씀이 생각난다. 서점을 하며 "구미에 이런 곳이!"라는 말을 들을 때마다 기쁘기도 했지만, 우리 스스로 우리를 낮추는 것이 아닌가, 하는 생각을 가끔 한다. 어쩌면 구미만 그런 것이 아니라 수도권이 아닌 지방은 조금씩 다 비슷할지도 모르겠다는 생각도 든다. 하지만 지금 돌이켜 보니 "구미에 이런 곳이" 하는 마음이 아니라 "구미니까" 삼일문고라는 서점을 할 수 있었던 것 같다.

"지방이니까 꿈꿀 수 있다"라는 말을 좋아한다. 이 책을 위하여 작가들과 회의를 거듭하며 몇 번이고 입을 모아 되풀이한 이야기가 있었다. 몰랐을 때는 그곳에 있는지도 몰랐는데 알아보고 찾아서 보니 새삼 놀라고, 우리가 사는 지역에 대한 애정이 자꾸 차오른다는 말이었다. 이런 마음이 이 책을 읽는 독자들께 고스란히 전해졌으면 좋겠다. 우리 지역의 곳곳을 조금은 알고 또한 볼 수 있는 데 도움이 되길 바란다. 이 책을 위해 일 년간 수고해 주신 세 분의 작가님, 감수를 맡아 주신 김광수 위 원님, 그리고 사진과 지도 등을 추가하는 데 도움을 준 구미시 의 문화예술과, 관광홍보과, 사진실에 깊은 고마움을 전한다.

2장 시내 지역

4장 선산 지역

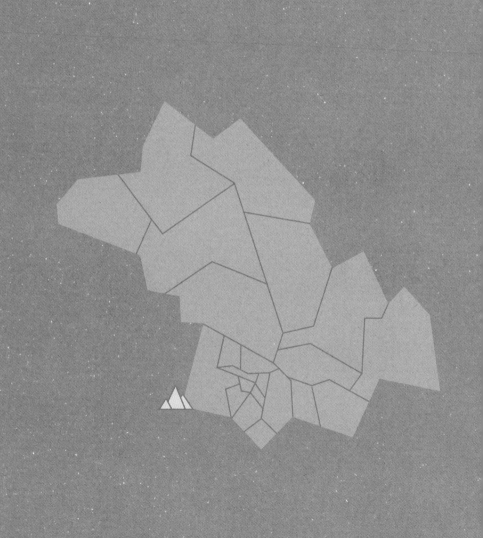

1장

———

금오산

1
—

도립공원 1호,
한국의 100대 명산

태초에 산이 있었다. 하늘 기운과 맞닿아 백두산이다. 백두산 맑은 정기는 백두대간을 타고 쉼 없이 남으로 내려왔다. 동서로 가지를 뻗어 그 한 줄기가 낙동강 굽이치는 들판에 와 멈췄다. 크게 한숨을 내뱉자, 커다란 바위산이 우뚝 솟아올랐다. 기암절벽과 계곡과 폭포, 숲이 어우러진 아름다운 산이었다.

그 길을 따라 아도가 부처님의 자비를 전하고자 고구려에서 내려왔다. 구미 도개에 있는 모례네 집에 머물며 신라에 처음 불교를 전파했다. 그러던 어느 날 저녁놀 사이로 황금빛[金] 까마귀[烏]가 그 바위산 속으로 날아가는 것을 보고 그 산을 금오산金烏山이라 불렀다고 한다. 또는 천지개벽이 일어나 온 세

상이 물에 잠겼을 때 산봉우리가 거무(거미)만큼 남아서 금오산이 되었다는 이야기도 전해진다.

고려 문종의 아들 대각국사 의천은 금오산에서 수도했다. 훗날 해동 천태종 포교의 중심지가 되어 대본산大本山이라고 했다. 때론 중국 선종(불교)의 창시자인 달마대사와 소림사로 유명한 중국 숭산과 비교해도 손색이 없다고 하여, 해주의 북숭산과 짝을 지어 남숭산이라고도 불렀다. 금오산에는 통일신라 시대를 거쳐 고려 시대에 약사암, 해운사(옛 대혈사), 선봉사(폐사), 보봉사(폐사), 갈항사(폐사) 등 많은 사찰이 생겨, 골짜기마다 불공 드리는 소리로 가득했다고 한다.

야은 길재가 사랑했던 금오산은 조선 시대 충절의 상징이 되어 선비들의 순례지가 되었다. 임진왜란 때 금오산은 큰 상처를 입었다. 산성을 쌓아 피난민과 의병들을 품었지만, 많은 사찰과 서원, 집과 나무가 불에 타 사라졌다. 금오산 산세는 독특해서, 정상(976m) 인근에 있는 고원 분지에 사람들이 마을을 이루며 살았다. 일제강점기에는 도선굴 절벽에 길을 놓았다. 1945년 광복의 기쁨을 금오산저수지 둑으로 쌓아 담았다. 한국전쟁 뒤 금오산 정상은 미군의 통신탑이 되었다가 21세기가 되어서야 겨우 시민의 품으로 돌려받았다.

금오산은 1970년에 대한민국 1호 도립공원으로 지정되었다. 한 달 뒤 경부고속도로가 개통되었다. 1974년에는 탐방로 입구에서 산허리 대혜폭포 근처까지 곧장 갈 수 있는 케이블카가 개통되었다.

2002년 '세계 산의 해'를 기념하여 산림청에서 선정한 '우리나라 100대 명산' 중 하나인 금오산은 특별한 자연생태, 역사문화, 놀이환경이 두루 갖춰져 있는 데다가 구미역과 구미 나들목에서 15분 이내 올 수 있을 정도로 시내 가까이 있어 구미를 대표하는 국민 관광지이다.

금오산은 바라보는 사람마다 바라는 마음도 달라, 여러 이름을 가지고 있다. 산 동쪽인 칠곡·인동에서 바라보면 능선이 넓은 이마와 오뚝 솟은 콧대, 인자한 눈매와 입술까지, 마치 부처님이 누워 계신 모습과 같다 하여 와불산臥佛山이라고 한다. 산 북쪽 선산에서 보면 산봉우리 끝이 붓끝 같다고 필봉筆峰이라 하고, 산 서쪽 김천에서는 부잣집의 곡식을 한데 쌓아 놓은 것(노적) 같다고 해서 노적봉露積峰이라고도 했다.

채미정

옛 선비들은 낳아 주신 부모님을 높이 받들어 부모님이 지어 준 이름(본명)조차 함부로 부르지 못했다. 그래서 편히 부르는 호號를 지어 자신을 드러냈다. 고려 삼은三隱 중 한 명인 '야은冶隱' 길재의 또 다른 호는 '금오산인金烏山人'이다. 금오산을 너무나도 사랑한 그의 숨결은 금오산 곳곳에 남아 있다. 그래서 조선 선비들은 금오산을 다녀갈 때마다 반드시 길재의 절의節義 정신을 되새겼다. 적어도 조선왕조 오백 년 동안 금오산의 상징은 '길재'였다.

원래 금오산에는 길재의 위패를 모신 금오서원이 있었으나 임진왜란 때 전소되었다. 서원을 다시 세울 때 선산 읍성과 가까이 지었다. 그래서 훗날 영조 때(1768) 금오산에 채미정採薇亭을 건립했다. 길재는 이성계의 위화도 회군 때 고려 패망을 염려하면서 "몸은 비록 남들 따라 특이한 것 없지만, 뜻은 백이 · 숙제를 본받아 수양산에서 굶어 죽으리라"하며 시를 읊었다. 백이 · 숙제 형제는 중국 고대 상나라의 충신으로, 상나라를 멸망시킨 주나라의 곡식은 먹지 않겠다며 수양산에 들어가 채미採薇, 즉 고사리를 캐 먹고 살다 죽었다. 이렇듯 채미정에는 길재의 절의 정신이 오롯이 담겨 있다. 그래서 금오산을 수양산修養山이라고 부르기도 했다.

채미정은 정면 3칸, 측면 3칸의 팔작기와집으로, 벽체가 없고 기둥과 문으로만 이루어진 특이한 정자다. 한가운데 1칸에만 온돌을 넣고, 사방으로 들문을 설치하여 문을 들어 열면 전체가 마루가 된다. 채미정 뒤편 경모각에는 숙종이 직접 쓴 시가 길재의 초상화 옆에 걸려 있다. 채미정 옆 강학당인 구인재는 건물에 칠을 안 해서 나뭇결이 그대로이다. 몸과 마음이 한

결같기를 다짐하는 선비 정신이 담겨 있는 듯하다. 채미정은 금
오산 입구 계곡 가에 있어서인지 산행을 오가다 구인재 툇마루
에 앉아서 쉬는 사람들로 늘 북적인다. 채미정에서 탐방안내소
입구까지는 메타세쿼이아 숲길과 소나무 숲길이 나란히 있어
사계절 걷는 재미가 있다.

　채미정에서 나와 금오산을 오르는 길목에 야은 길재가 지
은 유명한 한시 〈회고가懷古歌〉가 큰 빗돌에 새겨 있다. 길재가
조선 왕조의 벼슬을 거절한 뒤 개경(고려의 수도)에 들러 지었다

고 한다. 야은 길재에 대해 더 알고 싶은 이는 금오산 잔디광장
끝에 있는 '야은 역사체험관'에 들러 봐도 좋다.

오백 년 도읍지를 필마로 돌아드니
산천은 의구하되 인걸은 간데없다.
어즈버 태평연월이 꿈이런가 하노라.
— 길재, 〈회고가〉

자연보호운동 발상지, 구미

탐방로 입구에 구미가 '자연보호운동 발상지'라는 표지석이 있
다. 그 근거를 1977년 박정희 대통령이 대혜폭포 아래에서 깨진
병 조각과 쓰레기를 주웠다는 일화에서 찾는다. 이후 한 달 뒤
전국 시군구 자연보호협의회가 조직되고, 이듬해 1978년 10월
5일 자연보호헌장을 제정하였다(탐방로 입구에 자연보호헌장비도
있다). 덕분에 자연보호라는 개념이 희박했던 70년대에 국민 의
식을 일깨우는 범국민 운동으로 발전할 수 있었다. 하지만 당시
자연보호운동의 방향이 쓰레기 줍기와 같은 자연 정화에 머물
렀고, 중공업 중심 경제개발정책을 펼치며 공장에서 발생하는
환경오염에는 관대했다는 점에서 한계가 있었다고 평가된다.
　무언가의 발상지라는 말은 어깨를 으쓱하게 한다. 하지만

자연보호헌장이 제정된 지 거의 반세기가 지나는 동안 구미는 환경보호를 위해 무엇을 해 왔을까? 불편하지만 과거 낙동강 페놀 유출사건(1991)이나 불산 가스 누출사고(2012)의 아픔을 떠올리며 그동안 자연보호보다 경제개발에 더 치중해 왔던 건 아닐까, 자문해 본다. 최근엔 환경과 경제 문제를 자연과 인간이 공존·공생하는 생명·생태 공동체로 접근하여 지속 가능한 발전 모델을 추구하는 추세이다. 자연보호운동의 발상지라는 과거의 명성에 걸맞게 기후 위기 시대 탄소 중립을 실천하는 데 구미와 구미시민이 앞장서는 것이 현재를 사는 우리의 소임이 아닐까, 생각해 본다.

금오산 케이블카

1974년에 개통되어 지금까지 운행되는 빨간색 복고풍 케이블카를 타면, 산허리에 있는 대혜폭포 근처까지 곧장 갈 수 있다. 그래서 어린이나 어르신, 몸이 불편한 분들도 편하게 금오산을 즐길 수 있다. 그뿐만 아니라 봄, 가을에 하늘에서 내려다보는 봄꽃과 단풍이 절경을 이루고, 무더운 여름이나 추위가 매서운 겨울철에도 편히 산행을 즐길 수 있어 금오산의 명물로 꼽힌다.

해운사와 영흥정

탐방로 입구에서 금오산성 외성 대혜문을 거쳐 해운사海雲寺까지 곧장 오르면, 영흥정靈興井 샘물이 있다. 땀 흘린 뒤 마시는 물맛이 시원, 달콤하다. 옛날 지나가던 노승이 해운사 보살의 공덕에 감복하여 지팡이를 짚었더니 샘이 솟았다는 전설이 있다. 지금 나오는 샘물은 근래에 뚫은 지하 암반수라고 한다. 첨단 도시답게 센서를 달아 가까이 다가서면 샘물이 나온다.

　해운사는 신라 말기 도선이 창건했다가 임진왜란 때 소실된 옛 대혈사 터 위에 1925년 다시 지은 사찰이다. 대혈大穴이란 암벽에 뚫린 큰 구멍, 도선굴을 의미한다. 어느 여름날 오후 늦게까지 대혜폭포에 머물렀다가 내려온 적이 있다. 해운사를 지나쳐 내려가는데, 그때가 해운사 저녁 예불 때였나 보다. 갑자기 둥둥, 법고 소리가 들리더니 뎅, 하는 범종 소리가 울려 퍼졌다. 발걸음을 멈췄다. 이어 나무 두드리는 목어 소리에 내 마음도 덩달아 두근대는데, 맑은 징(운판) 소리가 환하게 팍 터트려지며 평온해졌다. 산에서 불전 사물 소리를 들은 건 그때가 처음이다. 맑고 묵직한 소리가 가슴을 훑고 지나가 산골짜기에 울리며 스며지던 느낌이 참 오랫동안 기억에 남는다.

대혜폭포

금오산에는 28미터 높이의 물줄기를 뿜내는 폭포가 있다. 대혜폭포는 계절마다, 때마다 색다른 모습을 보여 준다. 특히 여름에 큰비가 내린 다음 날 찾아가면, 엄청난 물줄기와 물소리에 감탄한다. 가을엔 주변 단풍이랑 잘 어울려 한 폭의 그림 같다. 봄에 물줄기가 약할 때는 폭포 가까이 다가가 바위에 튀는 물보라를 맞을 수 있다. 겨울에는 폭포 물이 얼어붙어 커다란 고드름이 만들어지기도 한다.

대혜폭포는 한때 명금폭포로 부르기도 했다. 폭포 암벽에 새겨진 '명금폭鳴金瀑'이라는 글자 탓이다. '금오산을 울리는 소리'라는 그럴듯한 해석에 명금폭포라는 이름이 널리 퍼졌다. 그런데 그 글씨가 일제강점기 시절, '일본인' 도지사가 암벽에 새긴 글자라는 사실을 알게 된 이후로는 대혜폭포로 부르고 있다. '대혜大惠'란 이곳 물줄기가 큰 계곡을 이루어 사람들에게 식수원으로 큰 은혜를 준다는 의미이다.

도선굴

대혜폭포에서 옆으로 돌아가면, 가파른 절벽 한가운데 자연 동굴이 있다. 신라 말 풍수의 대가인 '도선'이 참선하여 도를 깨우

친 곳이라 하여 도선굴이라고 한다. 야은 길재도 은거했다고 전해지는 도선굴은 길이 7.2미터, 높이 4.5미터, 너비 4.8미터 크기의 굴이다. 내부 공간이 꽤 넓어, 임진왜란 때는 500~600명의 피난민이 머물렀다고 한다. 도선굴 안에서 바깥을 바라보면 동굴테두리가 비스듬히 솟은 산 그림자 같다. 그 사이로 펼쳐지는 하늘과 금오산 풍경이 멋있어 포토존으로 인기다. 그러나 도선굴에 가려면 쇠사슬을 붙잡고 가파른 절벽을 타고 올라가야 해서 약간의 용기가 필요하다.

할딱고개와 너른바위 전망대

해마다 유치원의 아이들과 금오산 산행을 즐긴다. 케이블카의 도움을 받지 않고 탐방로 입구부터 걸어서 대혜폭포까지, 가빠도 힘을 내서 거뜬히 오르내린다. 다섯 살과 여섯 살 아이들은 폭포까지, 일곱 살 아이들은 폭포 위 너른바위 전망대까지 간다. 간혹 여섯 살 아이 중에서도 특공대를 조직해 전망대까지 도전해 보기도 한다.

너른바위 전망대는 대혜폭포 옆으로 난 500여 개 나무계단을 오르면 있다. 끝까지 올라가면, '오시느라 수고'했다며 할딱고개 안내판이 서 있다. 사람마다 다르겠지만 아이들도 거뜬히 오를 수 있는 곳인데, 할딱고개라니 고개를 갸웃거릴 수 있다. 하지만 그건 모두 나무계단 덕분이다. 계단이 생기기 전에는 거의 수직으로 솟은 험한 비탈을 올라야 했다. 때론 손 짚고 바위를 기어올라야 했으니 숨이 '할딱'이 아니라 '꼴딱' 넘어갈 정도였다. 그렇게 오른 너른바위에서 바람을 맞으며 바라보는 전망은 장관이다. 앞으로는 금오산저수지와 구미시 전경 그리고 멀리 낙동강이 펼쳐지고 뒤로는 도선굴과 칼다봉 능선이 보인다. 여기서 정상까지는 된비알(몹시 험한 비탈길) 오르막이 쭉 이어진다.

마애여래입상

금오산 산마루는 산봉우리 셋이 나란히 솟아 삼형제봉이라고 한다. 큰형이 현월봉(976m) 최고봉이고, 둘째가 약사암이 있는 약사봉(958m), 셋째가 마애여래입상이 있는 보봉(성주봉, 933m)이다. 보봉 아래 절벽 바위에는 부처님 전신상(금오산 마애여래입상)이 새겨져 있다. 툭 튀어나온 암벽 모서리를 활용해 매우 독창적이면서 입체적으로 조각된 10세기 중엽 고려 시대 불상이다. 부처님이 발 딛고 선 연꽃대좌부터 얼굴 뒤 빛나는 광배까지 높이가 5.5미터 정도 된다. 왼손을 내려 손바닥을 밖으로 향하고 있는데, 이것은 중생들의 소원을 성취해 준다는 의미의 수인(手印)이라고 한다. 보는 사람마다 느낌이 다르겠지만, 표정은 좀 무뚝뚝한 것 같다. 그런데 자그마치 천 년이다. 그 긴 세월

동안 날마다 아침 햇살을 받고 밤하늘의 별을 바라보며, 궂으나 좋으나 한결같은 모습으로 온 세상에 자비를 베푸는 마음이 저 무심한 표정 속에 담겨 있는 건 아닐까 생각해 본다. 다시 한번 합장하며 인사드린다.

오형돌탑

참 이상한 일이다. 자고 나면 탑이 하나씩, 900미터 높이 산꼭대기에 자꾸만 돌탑이 생긴다. 2014년 SBS 〈세상에 이런 일이〉라는 프로그램에서 가슴 아픈 사연을 들을 수 있었다. 아이는 태어날 때부터 장애가 있어 말하지도 걷지도 못했다. 할아버지가 아픈 손주를 돌봤는데, 아이는 10년을 살고 세상을 떠났다. 할아버지는 손주가 다음 생에는 건강한 몸으로 극락왕생하기를 바라는 마음을 담아 금오산에 돌탑을 쌓았다. 태어나 딱 하루 학교에 갔던 손주를 위해 쌓은 오형학당 돌탑으로 시작해서 10년 동안 다양한 모양의 오형돌탑을 세웠다. '오형'은 금오산의 '오', 손주 이름인 형석에서 딴 '형' 자를 합쳐 지은 말이다. 10년은 손주랑 함께 지낸 시간이자 저세상으로 떠나보내는 데 걸린 시간 같아서 마음이 아리다.

시간이 흐르면서 오형돌탑은 금오산의 새로운 명소가 되었다. 이 탑을 쌓은 김용수 할아버지의 예술성이 손주 사랑만큼이

나 돋보인다. 일반 돌탑의 전형성을 깨고 동물농장, 우주선, 불
탑 등 다양한 형태로 쌓아 상상력을 자극한다. 돌탑에 새긴 시詩
들도 철학적이다. 심지어 글씨체도 멋지다. 가까이에서 찍어도,
멀리서 찍어도 멋진 사진이 연출된다. 금오산 지킴이로 등산로
곳곳에 손글씨 팻말과 이정표를 남겨 둔 건 덤이다. 어쩌면 할
아버지 바람대로 형석이는 사람들에게 즐거움을 전해 주는 존
재로 다시 태어난 건지도 모르겠다. 할아버지 근황이 궁금했는
데, 최근 한 등산객이 남긴 블로그에서 여전히 정정하신 모습이
보여 반가웠다. 모쪼록 오랫동안 건강하시길 바란다.

오형돌탑

큰 돌 작은 돌
잘생긴 돌 못생긴 돌
돌탑으로 태어나서
떨어질까 무뎌질까
잡아주고 받쳐주며
비바람을 이불삼아
산님들을 친구삼아
깨어지고 부서져서
모래알이 될 때까지
잘 가라 띄워 보낸
낙동강을 굽어보며
못다 핀 너를 위해
세월을 묻고 싶다,
석아

약사암

옛날 신라 의상대사가 약사봉 아래에서 참선할 때, 하늘에서 선
녀가 하루 한 끼 주먹밥을 내려 주고 약사여래가 돌봐 주었다는

전설이 있다. 약사여래는 사람들의 질병을 치료해 주고 고통과 번뇌, 슬픔을 없애 주는 부처님으로, 왼손에 약단지를 들고 있다. 약사암에는 통일신라 혹은 고려 시대에 만든 것으로 추측되는 약사불상(구미 약사암 석조여래좌상)이 모셔져 있다. 옛날 지리산에 있던 삼 형제 불상이 금오산 약사암, 수도산 수도암, 황악산 삼성암으로 옮겨 봉안되었다고 한다. 그렇게 멀리 떨어져 있는데도 한 석불이 하품하면, 다른 두 석불도 따라서 하품을 한다는 재미난 전설이 전해진다. 원래 재질은 화강암인데 두껍게

금박을 입혔다. 약사암은 질병을 이겨 내고 무병장수를 기원하는 사람들로 북적인다.

약사봉 절벽에 딱 달라붙어 있는 암자를 어떻게 지었을까, 신기하기만 하다. 그래서 더더욱 신비롭다. 2018년 세계기상기구 사진전에서 달력 표지 작품으로 약사암 풍경 사진이 선정되었다. 영남 8경 중 첫 번째 비경이라고 할 만하다. 약사봉 두 절벽 사잇길로 난 일주문과 절벽에 붙은 암자, 바로 옆 산봉우리 꼭대기에 지은 종각, 종각까지 가는 출렁다리, 현월봉이나 비봉에서 바라보는 약사암, 약사암을 배경으로 보이는 해돋이, 구름바다, 푸른 하늘 등 비경으로 손꼽히는 풍경이 다양도 하다.

현월봉

금오산 최고봉은 현월봉懸月峯이다. '달이 걸린 산봉우리'라는 뜻이다. 누가 어떻게 이름을 지었는지 모르겠지만, 이렇게 문학적인 산봉우리 이름이 또 어디 있을까? 언젠가 이름처럼, 달 걸린 현월봉을 보고 싶다는 바람이 생긴다.

그런데 금오산 현월봉 정상은 하나가 아니라 두 개다. 산의 정상이 두 개인 사연에는 한국 현대사의 아픔이 있다. 한국전쟁 이후 한·미행정협정SOFA에 따라 주한미군은 우리나라 일부 산 정상에 통신 기지를 세웠다. 서울 남산에도 세우고, 대구 팔공산에도 세우고, 금오산 정상에도 세웠다. 그래서 일반인의 금오산 정상 출입이 금지되어 10미터 아래에 가假 정상석을 세우고 기념했다. 구미시는 주한미군과 10여 년의 협상 끝에 2011년 정상의 일부 부지를 돌려받는 데 성공했다. 산꼭대기 시설을 철거하고 정비하는 데에도 3년이 걸려 2014년, 무려 61년 만에 진짜 정상에 올라갈 수 있게 되었다. 10미터 아래에 세웠던 정상석은 옮기지 않고 일부러 그냥 두었다. 그래서 금오산에는 옛날 정상석과 진짜 정상석, 두 개가 있다. 두 개의 정상석 앞에서 모두 사진을 남겨야 진짜 금오산 등산의 완성이다.

금오산성과 성안마을습지

금오산에는 고려 때부터 근대까지 여러 차례 돌로 쌓고 보수한 이중 산성이 있다. 외성(약 3.7km)은 해발 350미터 부근에서 계곡을 감싸고 있고, 내성(약 2.7km)은 해발 850미터 부근에서 절벽과 능선을 활용해 정상을 둘러싸고 있다. 고종(1868) 때 중수한 내용이 '금오산성중수송공비'에 적혀 있는데, 내성에 100여 칸에 이르는 누각과 1만 명을 수용할 수 있는 관아와 군창을 새로 지었다고 할 만큼 규모가 컸다. 그러나 지금은 내성과 외성의 문과 암문의 형체만 남아 있다. 대혜폭포로 가는 등산로 중간쯤의 북문(대혜문)과 누각은 최근에 고쳐 지었다.

금오산은 기암절벽으로 솟은 정상 근처에 고원 분지가 형성되어 있다. 임진왜란 당시 아홉 개의 우물과 일곱 개의 연못을 만들어 사람들이 마을을 이루고 살았다고 한다. 성안마을이라고 했던 이곳에 조선 후기 정조 때는 180가구에 451명이 살았다고 기록되어 있고, 순조 때 기록(1832년)에는 40가구가 거주했다고 한다. 광복 이후에도 약 10여 가구가 살았다고 한다. 강원도처럼 첩첩산중 산골 마을이 아니라, 들판에 불쑥 솟은 산 꼭대기에 정착한 마을이라 더 신기하다. 성안마을 사람들은 밭농사를 짓고 살았는데, 성안 고랭지 배추가 일품이었다고 한다. 감자로 막걸리를 빚은 성안 감자술도 별미로 쳤다. 1970년대 산업구조의 변화와 화전 정리 사업으로 성안마을이 사라지고(1978) 지금은 성안 산림 생태습지로 보전되고 있다. "깊은 산속 옹달샘 누가 와서 먹나요?" 하는 동요처럼 산꼭대기 생태습지에 나무와 꽃과 풀, 동물들의 흔적으로 신비로운 분위기를 자아낸다.

칠곡, 김천에서 만나는 금오산

금오산의 산줄기를 따라 북쪽으로는 구미시, 남동으로는 칠곡군, 서쪽으로는 김천시가 자리 잡았다. 보통은 산 정상을 기점으로 행정구역이 나뉘는데, 금오산은 남쪽 내성이 시·군 경계가 되었다. 그래서 금오산 정상 현월봉과 대혜폭포, 금오산저수지 올레길 등 주요 명소가 구미시에 속해 있다. 많은 이들이 '구미' 금오산으로 부르는 까닭이다.

하지만 칠곡군과 김천시 쪽에서 만나는 금오산도 특별하다. 특히, 칠곡군 북산읍 숭오리와 김천시 남면 부상리 경계에 있는 금오동천金烏洞天 계곡으로는 물놀이를 하며 즐길 수 있는 음식점들이 이어져 아이들과 함께하는 여름 피서지로 인기가 많다. 음식점을 뒤로 하고 금오산 등산길로 접어들면 콰르르 흐르는 계곡 물소리가 경쾌하다. 크진 않지만 기이한 암벽 사이로 흘러내리는 네 개의 폭포와 물웅덩이(선녀탕, 구유소, 용시소, 벅시소)가 가슴을 두근거리게 한다.

이외에도 칠곡군 북산읍의 선봉사 대각국사비, 김천시 남면 오봉리의 갈항사지 터에서 현재 국립중앙박물관에 이전되어 있는 김천 갈항사지 동·서 삼층석탑 등 도리사에서 발원한 불교가 통일신라와 고려 시대에 금오산에서 꽃피웠다는 흔적이 곳곳에 남아 있다.

금오산, 삶을 품다

앞서 금오산에서 만날 수 있는 멋진 명소들을 소개했다. 하지만 금오산을 만난다는 건 꼭 명소를 찾아가는 것만은 아닐 것이다.

금오산을 만난다는 건 그 길 사이사이에 추억을 꼭꼭 담아 두는 일일지도 모르겠다. 또 때로는 사랑하는 연인이랑 같이 가고, 친구랑 같이 가고, 아이들이랑 같이 가고, 동료들과 같이 가고, 부모님과 같이 가고, 때로는 혼자 가기도 한다. 그 길을 걸으며 발견한 예쁜 꽃 한 송이가, 바위틈에 도마뱀이, 물 한 모금이, 말 한마디가, 연인과 맞잡은 손의 온기가, 구부정한 아버지의 뒷모습이 더 오랫동안 기억에 남을지도 모른다. 힘들어 지쳐 쓰러지려고 할 때 대단하다 격려해 주는 누군가가, 물 한 모금 건네며 손잡아 주는 누군가가 있어 힘을 얻기도 한다. 그리고 다다른 폭포나 전망대, 정상, 그곳에서 바라보는 멋진 풍경에 산을 오르며 겪은 어려움이 단번에 사라질지도 모른다. 사라지지 않더라도 새로운 마음이 들어올 수도 있다.

구미에 금오산이 있어 참 좋다. 삭막할 수 있는 산업도시에 푸른 생기를 불어넣어 줘서 좋다. 세대와 계층을 넘어 구미 시민들이라면 누구나 한 번쯤은 가 봤을, 누구나 하나쯤은 추억을 간직하고 있을 공간이기에 더 좋다. 힘들 때도 기분 좋을 때도 갈 곳 없어 방황할 때도 넉넉하게 품어주는 곳이라서 좋다.

▲
—

금오산 올레길

금오산의 사계절을 품고 있는 금오산 올레길은 누군가에겐 일상의 공간이고, 또 누군가에게는 특별한 여행지이다. 이곳은 아침저녁으로 운동하는 사람들이나 가족, 친구들과 여유를 즐기러 온 사람들로 가득하다. 햇빛이나 달빛에 비치어 반짝이는 잔물결을 따라 2.4km 올레길을 도는 데 걸리는 시간은 한 시간 남짓, 누군가와 함께 걸어도 더없이 좋은 산책로이고 혼자여도 걷는 내내 금오산의 다채로운 풍경이 길동무가 되어 준다. 특히 벚꽃이 만개하는 봄이면 벚꽃나무가 줄지어 있는 금오천부터 이곳 금오산 올레길까지 전에 없던 아름다움과 봄을 마주하는 사람들의 웃음소리로 가득하다.

　　금오산 올레길은 금오산에서 흘러내리는 물을 가둬 만든
금오저수지 아래 주차장에서 출발한다. 금오산 올레길의 초입
에 있는 구미 예갤러리, 금오랜드를 마주보고 서 있는 박희광
선생의 동상과 금오정을 지나 성리학역사관, 경북환경연수원
을 거쳐 부교를 지나면 다시 올레길의 입구로 돌아온다. 부교의
끝, 절벽에는 노란 정자 하나가 매달려 있는데, 금오저수지의
수위 조절 장치를 정자형의 전망대로 만든 것이다. 계단의 가

파름을 견디고 전망대에 올라 금오산과 저수지를 한눈에 조망하면 더없이 완벽한 올레길 코스다. 저수지를 유영하는 잉어떼와 함께 불쑥 나타나 사람들의 시선을 사로잡는 수달도 올레길에서 빼놓을 수 없는 볼거리다. 금오산 올레길은 가파르지 않고 그 길이가 부담스럽지 않은 데다 아름다운 풍경을 따라 걸을 수 있어 더없이 좋은 산책길이다. 여유와 풍경, 아름다움을 품은 금오산 올레길은 사계절 내내 구미 시민들에게 사랑받고 있다.

금오산 올레길 코스

금오산 올레길은 금오지 둘레 2.4km의 수변 산책길이다.

박희광 동상 – 성리학역사관 – 야은관 – 백운공원 – 금오지 – 생태습지길 – 부잔교 – 전망대

박희광 동상

올레길을 따라 걷다 보면 금오산도립공원 입구에 세워진 동상 하나가 있다. 저수지를 등지고 금오산을 향해 손을 뻗고 있는 동상을 한 번쯤 보았더라도 그 동상이 누구의 동상인지, 또 그 인물이 어떤 인물인지 아는 사람은 많지 않을 것 같다. 더러 박정희 전 대통령의 동상으로 오해하는 사람들도 있지만 그것이 아니라는 사실을 알고 나면 궁금증은 더 커진다. 도대체 어떤 인물이기에 저곳에 동상으로 세워졌을까. 누구라도 한 번쯤 호기심을 가졌을 법하다.

그의 이름은 박희광. 박상만이라는 이름으로도 활동했던 봉곡동 출신의 독립운동가이다. 1910년 국권피탈 이후 아버지를 따라 만주로 가게 된 그는 일찍이 독립운동에 발을 담갔다. 만주에서 대한통의부에 가입한 박희광 선생은 친일 세력을 비밀리에 암살하는 특공대원 임무를 맡았다. 그는 친일파였던 정갑주 부자를 사살하고 만주에서 친일을 일삼던 보민회장 최정규의 집을 습격해 그의 처와 장모, 비서를 사살했다. 비록 최정규를 죽이는 데는 실패했지만 박희광의 암살 시도는 당시 뤼순 지역에서 일어난 대표적인 독립운동 사건으로 보도되기도 했다.

또한 박희광은 1924년 6월 7일 상해임시정부의 지령으로 김광추, 김병현과 함께 일본총영사관에 폭탄을 투척하고 고급 요정 금정관에서 군자금 300엔을 탈취했다. 당시 300엔이면 소총 20자루와 탄환 2,000개를 독립활동단체에 전달할 수 있는 큰 금액이었다. 이 사건으로 박희광 선생은 뤼순지방법원의 제1심에서 사형을, 뤼순고등법원에서는 무기징역형을 선고받고 뤼순 감옥에 수감되었다. 뤼순 감옥은 이토 히로부미를 처단한 안중근 의사가 처형되고, 단재 신채호 선생과 우당 이회영 선생이 수감 중에 순국한 곳이기도 하다. 박희광은 이 감옥에서 1924년부터 1943년까지 19년을 복역했다. 뤼순 감옥에 갇혀 있었던 독립운동가 중 가장 오래 복역한 장기 복역수였다.

박희광 선생은 두 차례 감형으로 1943년 3월에 출옥할 수 있었다. 광복 후 조국으로 돌아온 박희광 선생은 경교장으로 백범 김구를 찾아가 그간의 경과를 보고하고 김구 선생에게 위로금을 받기도 했다. 그러나 1949년, 김구 선생이 암살당하면서 친일파와 독립운동가들이 뒤섞인 가운데 판결문이나 신문 기사 등의 객관적인 자료 혹은 동료 등의 증언 없이 독립운동 업적을 증명하기가 어려웠다. 박희광 선생은 구미로 돌아와 감옥에서 익힌 재봉 기술로 양복 수선을 하며 5남매를 길렀다. 다행히 1967년, 관동성 지방법원 재판 기록이 게재된 1924년 9월 1일자 기사가 동아일보 대구지국에서 발견되어 그의 독립운동도 인정받았다. 박희광 선생은 광복 후 23년이 지난 뒤에야 정부로부터 건국훈장 국민장을 추서 받을 수 있었다.

금오산 올레길을 걷다 만나는 박희광 선생의 동상은 그가 눈을 감은지 2년 뒤인 1972년, 박정희 대통령이 동상 건립비 100만 원과 '애국지사박희광선생지상愛國志士朴喜光先生之像'이라는 친필 휘호를 내려 만들어졌다. 그의 동상 아래 새겨진 것이 바로 그 휘호다. 박희광 선생의 동상 왼쪽으로는 태극기와 한반도가, 오른쪽으로는 그와 함께 3인조 암살단으로 불렸던 김광추, 김병헌 선생이 함께 그려져 있다. 올레길을 산책 삼아 걸으며 그 동상 앞에 처음 멈춰 섰다. 시간이 지날수록 오래된 것은 자꾸 희미해지기 마련이다. 그중에서도 잊지 말아야 할 것이 있고, 기억하려 애써야만 하는 것이 있다. 박희광 선생의 동상은 우리가 잊지 말아야 하고 애써 기억해야 할 인물이기에 그토록 굳건한 모습으로 세워둔 것일 테다. 동상 뒤로 여전히 아름다운 금오지의 윤슬이 반짝였다.

구미 성리학역사관

'일선에는 예로부터 선비가 많아서 영남의 반을 차지한다 하거니와' 一善古多士。號居嶺南半

'조선 인재의 반은 영남에 있고, 영남 인재의 반은 일선에 있다.' 朝鮮人才半在嶺南 嶺南人才半在一善

첫 번째 구절은 김종직이 선산부사로 있을 당시 황린의《영친시권榮親詩卷》에 남긴 시구의 첫 구절이고 두 번째는 이중환의《택리지擇里志》에서 가져온 구절이다. 위 두 구절에 공통으로 등장하는 '일선'은 '선산'을 의미한다. 구미와 선산에 남겨진 문화유산을 보면 알 수 있듯 영남학파의 중심이던 선산에는 훌륭한

유학자들과 그들을 잇는 유서 깊은 학맥이 있었다. 그들의 학문과 영남학파의 계보를 한데 모아 정리한 성리학역사관은 구미시 최초의 제1종 공립전문박물관이다.

구미성리학역사관은 2020년 10월에 문을 열었다. 3개의 전시동과 7개의 교육체험관, 2개의 문화 카페로 이루어져 그 규모가 꽤 크다. 넓은 부지를 활용해 건물을 높게 세우지 않고 개별 동으로 낮은 건물이 금오산의 풍경과 어우러진다. 건물 사이사이 만들어 놓은 연못과 폭포를 구경하며 사람들은 저마다 시간을 즐기고, 그네와 투호 놀이를 하는 공간에는 아이들의 웃음소리가 가득하다. 기분 좋은 소란함이 박물관이라기보다는 공원처럼 여겨진다.

구미성리학역사관에 들어서며 가장 처음 만나는 '구미 역사관'은 시대의 흐름에 발맞춰 변화해 온 구미의 역사를 전시한 곳이다. 구미의 역사와 문화, 인물을 전시물과 영상으로 만나볼 수 있는데 구미의 연표, 옛 지도, 문화유산 등이 전시되어 있다. 이어 만나는 '성리학전시관'에서는 구미 지역을 중심으로 꽃피웠던 조선 전기 성리학과 관련된 전시물을 만날 수 있다. 야은 길재부터 김종직을 거쳐 김굉필까지 이어진 성리학의 계통에 주목해 구성된 전시관으로, 입장하자마자 보이는 것이 구미 성리학에서 빠질 수 없는 야은 길재 선생의 유산을 모아 둔 '야은실'이다. 야은 길재 선생을 시작으로 그의 제자 김종직, 김굉필로 이어진 성리학의 핵심 인물과 관련한 자료들이 전시되어 있고, 그들의 학문 경향과 계보도 만나볼 수 있다. 성리학의 우주론을 체계화한 장현광 선생과 구미 선산 지역의 인문학적 발전에 이바지한 많은 분들의 기록이 한곳에 모여 있다. 전시실에서는 성리학역사관과 어울리는 다양한 주제의 전시를 담은 기획전시관과 성리학 관련 도서를 열람하고 목판 탁본 체험 등의 프로그램을 체험할 수 있는 문화사랑방, 교육 프로그램이 진행되는 교육관도 마련되어 있어 지루하지 않게 성리학역사관을 즐길 수 있다.

구미성리학역사관은 금오지를 산책하는 사람들이 자주 찾는 곳이다. 금오산을 등지고 금오지를 향해 있는 성리학역사관의 풍경이 시선을 사로잡아 발길을 끈다. 가족 단위의 시민들도 많이 방문하는데, 아이들은 이곳에서 전통문화 체험도 하고 마음껏 뛰어 놀기도 한다. 구미 시민들이 일상의 어느 한때 편하게 들러 구경할 수 있는 박물관인 이곳은 유교 철학인 '성리학'을 주제로 한 공간이라 조금은 어렵게 여겨질 수도 있으나 조선 성리학의 발원지라 할 수 있는 금오산에 조성한 의미 깊은 공간으로 누구나 오늘의 구미를 이룬 근간의 한 부분을 살펴볼 수 있다.

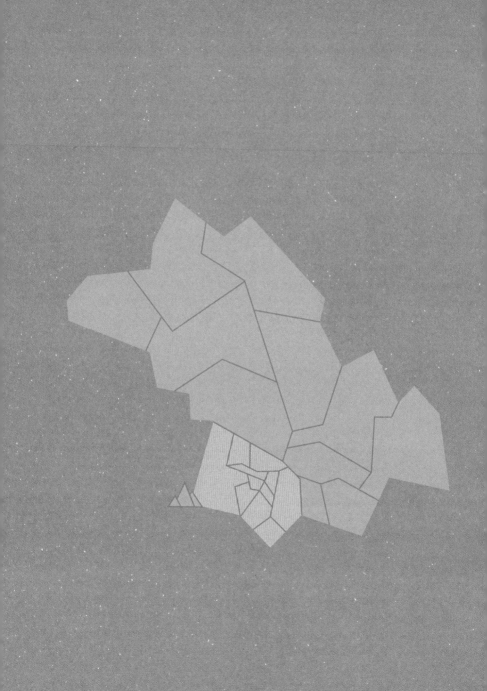

2 장

시내 지역

1

눈과 입이 즐거운
문화사랑방

산업화하기 전 전형적인 농촌 지역이었던 구미에서는 광평, 신평, 진평, 구평 등 '들'을 뜻하는 '평坪' 자가 들어간 지명이 흔하다. 으뜸 '원元'이 붙은 원평동은 '가장 먼저 생긴 들'이라는 뜻이다.

지금의 원평동 일대는 구미 산업 단지가 조성되기 전에는 대부분 논과 들이었다. 하지만 1978년 구미읍이 구미시로 승격되고 선산과 행정이 통합되면서 본격적으로 개발되기 시작했다. 구미역이 산업 단지의 물류에 중심적인 역할을 하며 산업 발전에 기여 했고, 그 중심으로 중앙시장을 비롯한 상가들이 생겨나면서 상업의 중심지로 성장해 지금의 원평동 시내가 형성

되었다.

원평동은 처음에는 원평1동, 원평2동, 원평3동으로 행정동이 분리되었는데, 1999년 원평2동과 3동이 원평2동 하나로 통합되었고, 2021년에 원평1동과 원평2동도 통합되면서 현재는 하나의 행정동인 원평동이 되었다.

구미역을 기준으로 앞에 있는 문화로와 중앙로가 구미 사람들이 흔히 '시내'라고 부르는 구미의 번화가이고, 구미역 뒤쪽 원남로는 새롭게 개발되고 상권이 들어서면서 서울의 경리단길 못지않다는 의미로 구미 사람들이 일명 '금리단길'이라 부르는 곳이다. 그리고 구미역과 구미시 종합터미널 사이에 있는 금오시장 일대는 연극 소극장과 지역 서점 등이 복합문화공간의 역할을 확대하며 원평동의 새로운 변화를 만들어 가고 있다.

구미역과 구미 새마을 중앙시장

지금은 멀리서 봐도 한눈에 알아볼 수 있을 만큼 큰, 지하 1층 지상 5층의 종합역사인 구미역이지만 처음 건립되었던 구미역은 2층 건물의 작은 역사였다. 구미역이 생기기 이전, 1905년 경부선이 개통될 때는 김천역에서 금오산 남쪽 금오산역(김천시 남면 부상리)을 거쳐 약목역으로 가도록 철길을 놓았다. 그러나 금오산역 부근 철로의 경사가 심해 기차가 다니는 데 어려움

을 겪자 1916년 선로를 변경했다. 금오산역은 운영 11년 만에
폐쇄 조치되고 김천에서 아포, 구미를 거쳐 약목역으로 통과하
도록 철길을 옮겼다. 그래서 금오산 북쪽 기슭 원평동에 지금의
구미역이 들어서게 되었다.

　산업 단지를 조성하는 과정에서 구미역에는 물류뿐만 아니
라 많은 사람이 오갔다. 구미를 떠나는 사람들과 구미로 오는
사람들, 그들을 배웅하고 마중하는 사람들이 구미역에 모두 모
였다. 사람들이 북적이자 그 주변으로 자연스럽게 음식점과 카
페가 생겼고 더불어 영화관과 시장 등 문화 공간도 만들어지면
서 구미역 앞이 자연스럽게 구미의 번화가가 되었다. 시내 1번
도로, 2번 도로로 흔히 불리는 문화로와 중앙로는 과거에는 학

생과 직장인들로 시끌벅적했다. 이제는 시내를 찾는 사람도 줄고 기존의 가게도 많이 사라져 예전과 분위기가 다르지만, 시내를 걸으면 어릴 적 친구들 혹은 부모님과 놀러 나왔던 기억을 떠올리는 사람들이 꽤 많다. 문화로와 중앙로는 우리에게 여전히 '시내'에서 놀던 한때의 추억을 불러일으키는 공간이다.

오일장이었던 새마을 중앙시장이 상설시장으로 바뀌게 된 것도 구미에 국가 산업 단지가 조성되고 많은 물류와 함께 사람들이 오가면서부터다. 구미에서 가장 오래된 시장인 원평동의 새마을 중앙시장은 1975년 '구미 중앙시장'이라는 이름으로 개설되었다. 새마을 중앙시장에는 크게 동서남북 4개의 문이 있는데, 사람들은 구미역 바로 건너편 서문으로 가장 많이 드나든다. 서문으로 들어가면 입구의 김밥집을 시작으로 분식 트럭이 줄지어 있다. 양배추가 가득 들어간 달짝지근한 국물에 굵은 가래떡과 큼지막한 어묵이 들어간 떡볶이는 새마을 중앙시장 떡볶이의 특징이다. 유명한 시장 통닭, 만둣집과 더불어 먹거리가 많은 시장답게 족발, 순대 골목과 국수 골목 등 먹자골목이 시장 내에 자리 잡고 있다. 팔팔 끓는 육수에서 피어오르는 뿌연 김과 어지러이 뒤섞인 사람들의 목소리, 눈앞에서 바로바로 끓고 튀기고 굽는 맛있는 먹거리 풍경은 시장에서만 느낄 수 있는 풍성하고 정겨운 풍경이다.

46년간 이어져 오고 있는 새마을 중앙시장은 2014년 문화

관광형 시장과 디자인 융합 시장에 선정되면서 '구미 새마을 중
앙시장'으로 이름을 변경했다. 전통시장의 면모를 유지하면서
도 사람들이 더욱 편리하게 이용할 수 있도록 시설을 재정비하
면서부터다. 시장 입구와 간판 등에는 새마을 운동의 상징인 새
싹 잎을 연상시키는 '클로버 이미지'를 활용하는 등 지역 개성
을 살린 전통시장을 만들기 위한 노력이 이루어졌다. 전통시장
이 점차 축소되고 있는 지금, 지역 시장의 정체성 확립은 더욱
중요해졌다. 구미 새마을 중앙시장이 꾀하고 있는 변화는 우리
지역의 고유한 모습을 지닌 전통시장의 모습을 잃지 않으면서
새로운 문화 관광지로 탈바꿈하기 위한 노력이다.

금리단길

원평동은 금오산과 가깝다 보니 금오산과 관련된 지명을 찾아
보기 쉽다. 그중 가장 유명한 지명은 각산角山인데, 금오산 줄기
인 황우봉의 머리 뿔 아래 위치한 마을이라 붙여진 지명이다.
　언젠가부터 구미역 앞 시내만큼이나 구미역 뒤편 각산으로
도 사람들의 발길이 향하는 횟수가 늘었다. 구미역 뒤쪽에는 구
미 시내에는 없는 아기자기한 공간이 새롭게 들어서 있고 그곳
에서 재잘대는 사람들의 목소리로 가득하다. 독립 서점과 그림
책 서점도 있고, 어느 때고 나가 산책하기에 좋은 금오천도 있

다. 소품 샵과 옷가게, 다양한 종류의 음식점과 예쁜 카페들이 하나둘씩 늘어나더니 이제는 구석구석 꽤 많이도 생겼다. 대부분 주거 지역이었던 과거와 달리 새롭게 상권이 조성되면서 오래된 주택과 새로 생기는 상점의 조화를 보는 재미도 있다. 삐걱대는 목재 바닥과 유난스러운 샹들리에가 주는 독특한 매력과 새로 지은 번듯한 공간이 아니라 원래의 것들을 인테리어에 그대로 반영한 가게들이 오히려 새롭다. 큰 상가에 여러 가게가 입점해 있는 것이 아니라 골목골목마다 개성 있게 꾸며진 작은 가게들은 이곳저곳 구경하며 가볍게 산책하기에 좋아서 젊은이들의 약속 장소로 각광받고 있다.

서울 이태원의 경리단길이 유명해지면서 '경리단길'을 합성해 황리단길(경주), 양리단길(양양), 망리단길(망원동)처럼 전국에 많은 'ㅇ리단길'이 생겼지만, 도립공원과 도심을 잇는 길은 구미의 금리단길이 유일하다. 금오천에서 금오산 저수지까지 연결된 길은 가파른 경사 없이 원만해 금오천을 따라 산책하기에 알맞다. 금오천은 구미의 벚꽃 명소이기도 해서 봄이면 벚꽃을 구경하는 사람들로 인산인해를 이룬다. 아침저녁으로 금오천을 걸으며 운동하는 주민들과 금리단길에 나들이 온 사람들이 제각기 금오천의 사계절을 즐긴다.

새롭게 유입된 상인과 청년들이 지역 주민과 어울려 마을 공동체를 꾸려 나가는 모습도 금리단길의 풍경이다. 금리단길이 있는 선주 원남동 일대는 '각산 마을 상생공동체: 금리단 사람들'이라는 주제로 '2020년도 도시재생 뉴딜 사업'에 선정되기도 했다. 각산 마을보다 이제는 금리단길로 더 많이 불리는 이곳에서 앞으로 써 내려갈 이야기가 기대된다.

문화를 만들어 가는 사람들① 삼일문고

빨간 벽돌과 초록잎의 식물, 수많은 책 사이로 고요히 내려앉은 햇살이 이곳, 삼일문고에 있다. 책을 좋아하는 사람은 물론이고 책과 서점이 낯선 사람에게도 삼일문고는 꼭 알맞은 서점이다. 출판계나 서점에는 '위기'라는 말이 당연한 것처럼 따라붙는 요즘이지만 구미의 삼일문고는 서점이기에 할 수 있는 것들을 끊임없이 모색하며 우리 곁에 꼭 필요한 지역 서점이 되기 위해 노력하는 곳이다. 이슈에 따라 화제가 되는 책을 들이고 큐레이션해 독자를 사로잡으면서도 숨어 있는 좋은 책을 소개하고 책 읽는 공간을 내어주는 역할도 잊지 않는다. 삼일문고가 구미를 대표하는 서점을 넘어 서점을 대표하는 서점이 되기까지, 이곳을 방문해 본 사람들이라면 그 특별함을 금방 찾을 수 있다.

멀리서도 한눈에 들어오는 빨간 벽돌과 그 안을 채우는 원목서가는 삼일문고를 대표하는 고유한 분위기다. 김기중 대표는 처음 서점을 꾸미며 '한국에서 가장 아름다운 서점을 만드는

것'을 목표로 했다고 한다. 하지만 '책의 진열만으로도 서점이 아름다울 수 있구나' 하는 것을 깨닫게 되었고 그래서 '책을 어떤 마음으로 고르고 어떻게 전하려 하는가' 하는 것에 더 중점을 두게 되었다고 한다. 그럼에도 삼일문고의 빨간 벽돌과 손으로 스윽 밀고 들어가는 독특한 입구는 삼일문고만의 감각과 분위기로 꽤 자주 많은 곳에서 회자된다. 최근에는 서점 구석구석 정원을 만들어 휴식이라는 말과 더욱 어울리는 공간이 만들어졌다. 경북에서 가장 큰 중형서점답게 보유하고 있는 장서의 양이 만만치 않아 자칫 답답해 보일 수 있는 내부도 중간중간 낮은 서가를 놓아 공간에 여유를 주었다. 삼일문고 한쪽에 자리한 카페 '비블리오'의 은은한 커피 향도 서점의 분위기를 한층 더 느긋하고 여유롭게 만든다.

2017년 5월에 문을 연 삼일문고는 햇수로 6년이 되었다. "2014년도에 구미의 상징이었던 오래된 서점이 문을 닫았어요. 지역민들이 서점에서 직접 책을 보고 고르는 경험을 하지 못하게 됐다는 사실이 안타까웠죠. 늘 그렇지만 서점이 돈이 되는 사업이 아니니 비즈니스 논리로 보면 서점은 없어질 수밖에 없는 사업 아이템이지만, 그래도 지역의 서점이 자꾸 없어지면 안된다는 문제의식이 생겼습니다." 삼일문고 김기중 대표는 구미의 문화 공간에 대한 필요성을 누구보다 크게 인식하고 있다. 산업 도시로 유명한 구미지만 그 속에서도 문화를 찾는 사람들에게 서점을 통해 책과 문화 공간이 갖는 가치를 꽃피워 봐야겠다고 생각했다.

5년이 넘는 시간을 쉼 없이 달려 삼일문고는 이제 명실상부한 구미의 문화 사랑방으로 자리매김하고 있다. 책과 서점을 사랑하는 시민들이 꾸준히 찾아 주고, 서점이 필요하다는 목소리를 끊임없이 함께 내주어 서점이 무럭무럭 자랄 양분이 되고 있다. 책과 서점의 소중함을 아는 사람들이 사랑하는 곳, 그런 사람과 책을 잇는 곳, 삼일문고는 앞으로도 더 많은 사람이 그보다 더 많은 책과 이어지기를 바라며 매일 서점의 불을 밝힌다.

문화를 만들어 가는 사람들② 구미 연극단 '공터_다'

포기하지 않는 사람의 이야기는 새롭게 시작되고 또 계속된다. 구미 연극인들의 이야기처럼. 무대라는 말만 들어도 가슴이 뛰는 사람들이 모여 관객과 만나온 구미 극단 (사)문화창작집단 '공터_다'는 2001년부터 시작됐다.

1980년대의 민주화 운동 이후 자유롭고 여유 있는 사회 분위기와 경제 사정으로 구미에서도 다양한 문화와 여가 활동이 꽃피기 시작했다. 직장인 연극 동아리도 그중 하나였는데, 직장 동료들은 물론 시민의 열띤 호응까지 더해 구미 예술회관 매표소 앞이 인산인해를 이루기도 했다. 그러한 분위기는 '공터_다'

황윤동 대표가 연극을 시작하게 된 계기이기도 했다. 선배들과 연극을 만들고 작품을 무대에 올리면서 유명한 배우가 되고 싶다거나 서울 대학로로 진출해 연기를 하고 싶다는 생각도 했지만, 그는 구미에 남기로 결심했다. "제 또래들, 예대나 연극영화과 출신 사이에서 주류가 될 수 없을 것 같다는 생각에 그런 결심을 했어요. 그럼 어떻게 할까? 여기 구미에서 연극 연출과 기획을 해 보자, 여기서 주류가 되어야겠다, 그렇게 생각한 거죠."

자신의 부족함을 동력 삼아 연극에 대한 열정을 더욱 불태웠지만 순탄할 수만은 없었다. IMF로 경제 상황이 어려워져 더 이상 연극을 이어갈 수 없게 되자 황윤동 대표는 새로운 목표를 세웠다. 연극을 취미가 아니라 직업으로 삼아야 지속할 수 있다는 것을 깨달았기 때문이다. '10년 안에 연극 전용 극장을 만들고 월급을 받는 전업 연극인을 키우자.' 그의 이러한 꿈은 채 10년도 되지 않아 이루어졌다. 황윤동 대표는 실제로 구미의 최초 전업 연극인이 되었고 2004년에 열린 전국연극제에서 은상을 수상하며 받은 상금으로 지금의 소극장 '공터_다'를 열었다.

'공터_다'는 최근 연극 〈아도가 남쪽으로 돌아온 까닭은〉 공연을 성공적으로 마쳤다. 이 작품은 신라에 처음으로 불교를 전파한 고구려 승려 아도화상의 일대기를 그린 작품으로, '공터_다'의 '구미 역사 인물 발견 시리즈' 네 번째 작품이다. '구미 역사 인물 발견 시리즈'의 시작점은 구미시의 시 승격 30주년을 기념한 연극 의뢰였다. 전국을 무대로 활동하고 있지만 구미를 거점으로 하기에 '공터_다'에서 지역사회와 소통할 수 있는 주제의 연극을 하면 좋겠다고 생각했다. 그 첫 번째가 〈독립의병장 왕산 허위〉다. "공연을 올렸는데, 작품이 역사 인물을 대하는 방식이 너무 뻔한 거예요. 그때 생각했어요. 사실 너머의 진실을 좇아야겠다. 역사 인물이 그 시대에 행동했던 이유와 그 가치가 무엇일까를 좀 더 고민해야겠더라고요."

'구미 역사 인물 발견 시리즈'는 그렇게 점차 변화했다. 독립운동가 박희광 선생의 이야기를 담은 〈그 남자의 자서전〉, 동편제 명창 박록주 선생의 이야기를 담은 〈The Muse, 록주〉를 무대에 올리며 인물 발견 시리즈에서 조명하는 인물을 독립운동가에서 예술가로 확장하기도 했다.

'공터_다'의 작품 중 〈아도가 남쪽으로 돌아온 까닭은〉은 제13회 대한민국 연극대상에서 베스트 작품상과 젊은 연극인상을 수상하기도 했다. "이 작품을 하면서 상생과 공생에 대한 현대적인 가치를 발견할 수 있었어요. 인물 시리즈가 점점 진행되면서 이런 이야기가 구미의 중요한 이야기가 되지 않을까, 예술이 도시에 던져주는 메시지가 있지 않을까, 그 메시지로 시민들과 소통해야겠다, 그렇게 생각이 확장되었죠."

'구미 역사 인물 발견 시리즈'를 통해 '공터_다'가 품었던 질문과 대답은 많은 연극인과 관객들에게도 울림을 주었다.

'공터_다'는 2021년 10주년을 기념해 '공터', 놀이터이자 모두의 것이라는 공共의 의미를 느낄 수 있는 공유 공간을 만들기로 했다. 배우와 관객의 경계를 허물고 관객이 참여할 수 있는 공간을 만들고 싶어서이다. "그 의미를 알아주는 분들도 계시긴 하지만, 더 많은 구미 시민이 우리 동네에 극장이 있다는 것에 자부심을 느꼈으면 좋겠어요. 여기에 끊임없이 고민하고 자신만의 철학이 있는 예술인들이 있고, 원한다면 이곳에서 그들을 한 번쯤은 만날 수 있다고 이야기해 주고 싶어요."

서점과 연극장이 붙어 있는 곳은 전국에서도 구미가 유일하다고 한다. 삼일문고와 나란히 구미의 문화공간으로 자리매김하고 있는 이 공간에서 '공터_다'는 관객을 기다리고 있다.

2

일상을 아우르는
인문의 향기

송정과 형곡은 원평동과 함께 구미에서 가장 먼저 조성된 시가
지로, 구미가 읍으로 승격되면서 함께 동으로 승격된 동네이기
도 하다. 도시 개발 초기 형곡동은 교육과 주거 기능을 앞세워
거북이 모양으로 설계되었고, 송정동은 시청, 경찰서 등의 관공
서가 지어지면서 행정 기능을 담당하게 되었다.

　형곡동은 금오산에 가시나무가 많은 두 개의 골짜기 일대
를 개발해 만들어진 마을이라 가시나무 형荊과 골짜기 곡谷을
써 '시무나무(가시나무의 옛말)가 많은 골짜기'라는 뜻을 가지고
있다. 1978년 구미읍이 시로 승격하면서 신시동으로 불렸으나
1990년 다시 형곡동으로 이름이 바뀌었다. 현재 형곡동의 도로

명인 '신시로'에서 그 흔적을 찾아볼 수 있다. 신시로는 형곡과 송정동을 이어주는 송정대로의 시작이기도 하다. 송정동은 '울창한 숲속에 정자가 있다'는 뜻을 가진 지명이다. 지금은 송정동에서 울창한 숲을 찾기 힘들지만 원래 송정동 일대에는 수도산이라 불리는 산이 있었다. 송정동에 조성된 근린공원의 이름이 수도산공원인 이유다. 속리, 부산, 백산 등의 마을로 이루어져 있었는데, 그중 백산은 백정산柏亭山의 준말로 마을 뒷산에 잣나무[柏]가 울창해 붙여진 이름이다. 구미시청이 이곳 송정동에 있는데 시청 정문 쪽의 도로명이 송정대로, 그 뒤쪽 도로명이 백산로인 까닭도 바로 여기에 있다.

　금오산 아래 나란히 자리를 잡은 송정, 형곡은 아주 오래전부터 사람들이 모여 살던 동네였다. 사람들이 모여 있는 곳에는 이야기가 피어나기 마련이다. 이전의 가시나무 골짜기와 드넓은 평야는 찾아볼 수 없지만 이곳에 살던 사람들이 꽃피운 삶과 그 이야기들은 세월을 타고 이어져 온다.

우호의 정원

금오산이 포근히 감싸 안은 형곡동에 '우호의 정원'이라는 독특한 이름의 공원이 있다. 우호의 정원에는 인라인스케이트장, 농구장, 배드민턴장 등 다양한 체육시설과 잠시 쉬어갈 수 있는 공간인 정자, 그리고 구미 중앙시립도서관이 모여 있다. 날씨가 좋은 날이면 잠시 정자에 앉아 한숨을 돌리는 사람들, 도서관에 공부하러 가는 사람들, 여럿이 모여 운동을 하는 사람들이 이곳으로 모인다. 형곡동의 중심에 있어 접근성도 아주 좋다. 집에서 조금만 걸어 나오면 도서관과 공원이 있어서 형곡동이 살기좋은 동네로 불리는 데 큰 몫을 하고 있다.

우호의 정원은 중국 광안시와 구미시가 우호 도시 결연을 맺으며 우호 증진을 위해 지은 공원이다. 중국 광안시는 중국인들이 가장 존경하는 지도자이자 중국의 개혁개방을 주도한 덩샤오핑의 고향이고, 구미는 대한민국의 근대화를 이끈 박정희 대통령의 고향으로 두 도시 모두 역사에 의미 있는 지도자를 배출한 고향이라는 공통점으로 우호 도시 결연을 맺으며 조성했다.

다양하면서도 조화롭고 따뜻한 풍경을 만들어 내는 공원은 그곳으로 모여든 사람들의 모습과도 닮아 있다. 바람에 발맞춰 흔들리는 초록잎과 그 사이로 부서지는 햇살, 한적한 오후의 시간을 즐기는 사람들의 모습이 평화롭다.

열녀 향랑 이야기

구미 중앙시립도서관 건물 뒤로 걸어가면 '열녀 향랑烈女香娘의 노래비'가 있다. 열녀 향랑의 사연과 함께 〈산유화가〉의 노랫말이 새겨져 있다.

하늘은 어찌 높고도 먼가 天何高遠
땅은 어찌 넓고도 망막한가 地何廣邈
하늘과 땅이 비록 크다고 해도 天地雖大
이 한 몸 의탁할 수 없으니 一身靡託
차라리 강물에 몸을 던져 寧投江水
물고기 배 속에 장사 지내리 葬於魚腹

높고도 먼 하늘 아래, 아득하게 넓은 땅 위에 의탁할 곳 없는 자신의 처지를 노래하고 있다. 이렇게 크나큰 세상에 자신의 한 몸이 갈 곳이 없다니 얼마나 외로웠을까. 외로움에 못 견뎌 강물에 몸을 던진 열녀 향랑의 사연은 이렇다.

열녀 향랑은 조선 숙종 때 구미시 형곡동에서 태어났다. 어릴 때부터 행실이 바르고 정숙했는데 일찍이 어머니를 여의고 계모 밑에서 자랐다. 성질이 못된 계모는 향랑을 학대했으나 향랑은 조금도 성내지 않고 계모에게 효심을 다했다.
17세의 어린 나이에 시집을 간 향랑은 성질이 악한 남편의 폭행을 견디다 못해 친정으로 되돌아왔다. 그러나 계모가 받아주지 않아 향랑은 숙부의 집에서 머물러야 했다. 숙부가 향랑에게 다른 곳으로 시집갈 것을 권유했지만 향랑은 그 말을 듣지 않고 일부종사一夫從事를 고집했다. 숙부가 박대하면서 그 뜻을 꺾으려 하자 향랑은 어쩔 수 없이 다시 시댁으로 돌아갔지만 남편의 구박은 더욱 심했다. 보다 못한 시아버지가 재가를 권유할 정도였다. 하지만 향랑은 두 지아비를 섬길 수 없다며 뜻을 지켰다. 그해 가을 오갈 데 없는 신세가 된 향랑은 죽기를 결심하기에 이르렀다. 죽어서도 흔적을 남기지 않기 위해 강물에 투신하기로 하고 오태동 야은 선생의 지주비가 있는 곳으로 갔다. 그곳에서 만난 한 소녀에게 자신이 지은 '산유화가'를 남기고 결국 스스로 목숨을 끊었다.

향랑의 이야기를 전해 들은 당시 선산 부사 조구상은《향랑전》을 짓고 그림(의열도)을 그려서 조정에 열녀로 추천했다. 여러 사람들의 추천으로 향랑에게 정려가 내려진 건 1703년(숙종 29년)이다.《숙종실록》(숙종 30년 6월 5일조)에서의 기록은 다음과 같다.

"선산의 향랑은 민가의 여자다. 남편의 성품과 행동이 사나워 향랑을 무단 질시하고 욕하고 때렸으며, 시부모는 개가를 권했으나 향랑은 무식한 시골 여자지만 두 지아비를 섬기지 않는다는 의義를 알아서 죽음으로써 스스로를 지켰다. 또한 그 죽음을 명백히 하였으니, 비록 삼강행실에 수록된 열녀라도 이보다 낮지는 않으리라. 마땅히 정표하여 풍화를 닦는다."

향랑이 열녀가 된 것은 남편의 심한 학대에도 재가를 거부하고 한 지아비만을 섬겼기 때문이다. 남편이 죽은 뒤에도 재가를 하지 않거나 스스로 목숨을 끊는 여성에게 열녀의 칭호를 내리는데 향랑의 경우는 남편이 죽지 않았음에도 열녀 칭호를 내렸다는 점이 다른 열녀 설화와 차별되는 점이다.

일부종사를 지키고자 스스로 목숨을 끊은 향랑의 굳은 의지가 당시 문인들에게 꽤 인상적이었나보다. 향랑의 이야기와 '산유화가'는 여러 문인들에 의해 재탄생되었다. 조선 시대 문인이었던 김소행이 지은 장편 한문 소설 《삼한습유》에 실린 〈향랑전〉, 이광정의 《임열부향랑전》, 이안중의 《향랑전》, 이옥의 《상량전》 등 다양한 전傳의 형태와 이학규의 〈산유화서〉, 이덕무의 〈향랑시〉 등의 한시, 《숙종실록》 등 그 형태도 매우 다양하다.

구미 중앙시립도서관 뒷편에 세워져 있는 것은 향랑이 지은 〈산유화가〉의 시비이고 향랑의 묘와 사당은 형곡고등학교 뒷산에 있다. 향랑의 사당 뒤로 보이는 것이 향랑의 묘와 열녀

비다. 묘비는 일제 강점기 때 마을 못을 만들면서 한 석공이 축대를 쌓으려고 깨뜨렸다고 한다. 과거에는 봉분도 없이 동강난 묘비만 있었던 것을 다시 재정비해 가꾸었다. 높은 하늘, 넓은 땅에 자신의 몸 하나 의탁할 곳 없어 눈물을 흘렸던 여인은 역사 속에서 이야기로, 노래로 오래도록 전해지고 있다.

생육신 이맹전

우호의 정원에는 조선 숙종 때 선산 부사 김만증이 세운 이맹전 유허비가 있다. 절의를 지켰을 뿐만 아니라 평소 검소하고 청빈했던 이맹전의 충절을 기리기 위해 세운 비석이다.

1542년 단종이 즉위할 때 나이는 고작 12살이었다. 어린 아들의 안위를 걱정한 문종은 김종서, 황보인 등의 신하에게 단종을 잘 보필해 줄 것을 유언으로 남겼다. 문종의 유언이 무색하게도 수양대군은 명나라에서 귀국하자마자 김종서의 집으로 쳐들어가 그를 죽였다(계유정난). 안평대군을 중심으로 김종서, 황보인이 반역을 모의했다는 이유에서였지만 실상은 수양대군이 왕이 되려한 야심에서 비롯된 일이었다. 정권을 장악한 수양대군은 영의정 부사 등을 겸직하며 국정을 총괄하고 자신을 도와 정변政變에 가담했던 관료 인물들을 주요 관직에 앉혔다. 수양대군은 그렇게 자신이 나라의 주요 권력을 차지하고 단종은 이름뿐인 왕으로 만들어 버렸다.

단종의 왕위가 흔들리던 혼란스러운 시대, 당시 거창 현감이었던 이맹전은 신하들이 의리를 저버리고 배신이 난무하는 현실에 분노했다. 그는 스스로 관직을 내려놓고 처가인 선산 망장촌, 지금의 구미시 고아읍 오로리로 내려왔다. 그가 고향으로 돌아왔다는 소식에 주변의 학자들과 친우들이 그를 찾았지만 그는 누구도 만나려고 하지 않았고 나라에서 다시 관직을 내려주어도 거절했다. 자신이 섬기던 왕을 내친 사람의 신하가 될 수는 없었다.

눈과 귀 모두 다 어둡고 막히어서 견문 없는 어리석은 사람이 되고 싶네. 眼欲昏昏耳欲聾 見聞無敏與癡同

이맹전은 자신이 지은 시처럼 눈이 보이지 않고 귀가 들리지 않는 사람으로 행세했다. 그의 호가 '경은'인 것도 밭갈 경耕, 숨길 은隱을 써서 농사나 지으면서 숨어 지낸다는 의미에서였다. 이맹전은 30년간 집 밖을 나서지 않았고 매월 초하루면 단종이 유배를 가 있는 영월 쪽을 향해 절을 했다. 야은 길재의 제자였던 이맹전은 길재의 문인인 김숙자와 막역한 친구 사이였는데 김숙자의 아들인 점필재 김종직이 찾아왔을 때만 안으로 들여 문을 걸어 잠그고 서로 깊은 이야기를 나누었다. 사람들은 훗날 김종직이 《이준록耳尊錄》에 이 이야기를 기록하고 나서야 이맹전이 귀가 들리고 눈이 보였다는 것을 알게 되었다고 한다.

단종 복위 운동을 하다가 죽임을 당한 성삼문 등 여섯 명의 신하를 사육신이라고 하고, 세조의 정통성을 인정하지 않고 은둔해 항거했던 여섯 명의 신하를 생육신이라 한다. 생육신은 목숨은 잃지 않았지만 한평생 벼슬하지 않고 방성통곡하거나 두문불출하며 단종에 대한 절의를 지키다 세상을 떠났다. 이맹전은 생육신 중 한 명이다.

이맹전은 자신이 죽은 뒤에 어떤 글도 새기지 말라는 유언을 남겼기에 그의 묘 앞에는 아무것도 새기지 않은 비석이 있다. 후대에 안동의 성리학자 이상정이 묘갈명을 쓴 비석을 세웠는데 "계유, 병자년 사이 죽은 자 여섯 신하요. 산 자도 여섯 신하요. 죽은 자는 진정 본성을 다한 셈이나 살아서 그 뜻 이루기 더욱 어렵네. 장님, 귀머거리 노릇 30년에 흔적 없어 아는 사람 없었으니, 어려운 가운데 더욱 어려운 일 아니겠는가"라고 썼다.

이맹전의 충심은 많은 이의 가슴에 남아 여러 선비가 그의 절개와 인품을 칭찬하며 그에 관한 글을 남겼다. 선산 도개면의 월암서원月巖書院에 구미 출신의 유학자인 농암 김주, 단계 하위지와 함께 경은 이맹전을 모시고 있다.

향랑과 이맹전 모두 인생의 중요한 선택의 기로에서 자신의 신념을 지킨 이들이다. 사람들이 자주 거니는 곳에 그들의 이야기가 담긴 비석이 서 있다. 그때와는 또 다른 혼돈의 시대를 사는 우리에게 어떤 신념에 따라 어떤 선택과 결정을 할 것인지 담담히 묻고 있는 듯하다.

건축은 빛과 벽돌이 짓는 시, 구미문화예술회관

"아무리 급해도 벽돌은 한꺼번에 쌓지 못한다. 그 때문에 한 장한 장 단정히 쌓지 않으면 무너지거나 제대로 힘을 받지 못한다. 그리고 벽돌이 지닌 조소성은 무한히 인간화되는 과정을 상징한다."

근현대 건축의 거장인 김수근 건축가가 남긴 말이다. 건축가 김수근은 김중업과 함께 한국 근현대 건축에 중대한 영향을 끼쳤다고 평가받는 1세대 건축가다. 그는 (주)공간 그룹을 만들어 국내외에 여러 건축물을 세우고 많은 건축가를 길러내는 데 힘썼을 뿐만 아니라 문화예술 종합잡지 〈공간〉을 창간했다. 1977년 창덕궁 옆에 지은 '공간' 사옥에서는 소극장 '공간 사랑'을 만들어 공옥진의 1인 창무극과 김덕수 사물놀이패를 데뷔시키는 등 다양한 예술가들의 후원자로도 활동하면서 건축이외의 문화 발전에도 관심을 기울였다. 한국 예술을 다방면으로 후원해 1977년 미국의 〈타임〉 지에서는 김수근을 르네상스 시대의 예술 후원가 로렌초 데 메디치에 비유하기도 했다. 공간 사옥, 잠실올림픽주경기장, 서울법원종합청사, 국립진주박물관, 부여박물관, 워커힐 힐탑바, 마산양덕성당, 경동교회, 불광동성당, 자유센터, 아르코미술관 및 예술극장 등 그가 남긴 건축물의 이름만 들어도 그의 위상을 짐작해 볼 수 있다.

"벽돌이 무엇인가"라는 질문에 "벽돌은 사람이다"라고 답할 만큼 벽돌에 남다른 애착을 가진 건축가였던 김수근은 사람이 한 장씩 쌓아 올린 붉은 벽돌이 촘촘히 모여 하나의 건물을 이루는 것에 주목했다. 그는 한 손으로 잡을 수 있는 작은 벽돌이지만 질서 정연하게 쌓다 보면 거대한 하나의 건축물이 되는 것이 인간과 인간들이 만들어 내는 어떤 것과 닮았다고 생각했다. 건축을 "빛과 벽돌이 짓는 시"라고 정의할 만큼 그의 건축에서 벽돌은 빠질 수 없는 재료였다.

구미에도 건축가 김수근의 이러한 철학이 담긴 건축물이 있다. 빨간 벽돌, 하면 단연 떠오르는 구미문화예술회관이다. 1983년에 설계해 1989년 완공된 구미문화예술회관은 지방 도시 최초의 문화예술회관이기도 하다. 구미에 1공단이 조성되고 공단이 확장되면서 내륙 최대의 수출산업기지로 도시가 빠르게 성장했기에 가능한 일이었다. 산업단지의 발전과 맞물려 성장해 나가던 공업도시에는 붉은빛으로 예술가를 불러 모으는 무대가 생겼고 그 무대에 환호하며 박수치는 관객이 생겨났다.

　　건축가 김수근이 이 건물을 설계할 때 금오산을 향해 기어
가는 거북이 이미지를 형상화했다고 한다. 그가 남긴 스케치나
평면도를 보면 그 모습을 더 잘 확인할 수 있다. 멀리서 바라보
면 마치 고대 이집트 건축물인 지구라트 같기도 하고, 서로 다
른 높낮이의 건물이 첩첩 쌓인 능선처럼 보이기도 한다. 해가
지고 나면 곳곳을 비추는 조명과 그 조명에서 생겨난 그림자가
어우러져 건물에 역동적인 느낌을 더한다. 바닥까지 붉은 벽돌
이 깔려 있어 그곳에 서 있으면 잠시 아주 다른 공간에 온 것 같
은 느낌도 준다.

구미에서 나고 자란 사람이라면 아마도 구미문화예술회관에 가보지 않은 사람이 없을 것 같다. 오래된 기억이지만 유치원이나 학교에서 연극이나 뮤지컬 단체 관람을 위해 몇 번이고 붉은 벽돌로 지어진 이곳에 왔었던 추억이 있다. 구미 시민들의 추억 속에서 이곳은 어떤 공간으로 기억되고 있을까. 구미문화예술회관이 빛과 벽돌로 만들어진 한 편의 시라면 우리는 아마도 그 시를 이루는 한 장 한 장의 붉은 벽돌 같은 단어처럼 여겨진다.

3

작은 것들의 소중함을
품다

봉곡동은 북쪽으로 고아읍, 서쪽으로 부곡동, 남쪽으로 선기동, 동쪽으로 도량동과 접한다. 남쪽에 경부선 철도와 경부고속국도, 906번 지방도가 봉곡천과 나란히 지나며 구미 IC 및 구미역과 가까워 교통이 편리하다. 자연마을로 봉곡, 성남(일명 별남), 장현(장고개), 갓골 등이 있다.

약 600년 전 연안 이씨가 처음 이주하였고, 후에 경주 노씨 · 벽진 이씨 · 밀양 박씨가 들어와 정착하며 마을을 이루었다. 본래 선산군 상고면 지역이었으나, 1914년 신기동 · 성남동 · 서촌 각 일부를 병합하여 봉곡동이라 하고 구미읍에 편입하였다. 1978년 구미시 승격으로 선주동 관할이었던 것이 1999년 행정

동 통폐합에 따라 선주동과 원남동을 통합한 선주원남동 관할
이 되었다. 다봉산 북봉 기슭 남향으로 자리 잡은 마을로 금오
산과 정면으로 마주하며 마을 남단에는 봉곡천이 서에서 동으
로 흐른다.

봉곡동이라는 지명은 인물의 호에서 따 왔다. 대체로 지명
이나 지형을 호로 삼는 경우가 많은데 이곳 봉곡은 특이하게도
조선 중기 문신 박수홍의 호 봉곡蓬谷을 지명으로 삼았다. 먼저
지명의 유래가 되는 봉곡재를 가 봐야겠다고 생각했다. 봉곡재
는 박수홍을 기리기 위해 후손들이 세운 밀양 박씨 경주부윤공
파 문중 재실이다. 다봉산 아래 자리 잡고 있어 다봉산을 올라
본 사람들이라면 이곳을 지나쳐 갔으리라.

봉곡재

아침부터 부슬비가 내렸다. 하얗게 부서지던 빗줄기는 '봉곡
재'에 도착할 무렵 굵은 빗줄기로 쏟아졌다. 갓길에 차를 세우
고 천천히 걸어 올라갔다. 가장 먼저 눈에 띄는 건 봉곡재를 알
리는 비석이다. 재실 옆으로 박수홍 신도비가 보이고 작은 길을
따라 올라가자 박수홍 묘소가 자리하고 있다. 묘를 둘러싼 잔디
가 금방 머리를 깎은 아이처럼 말쑥하게 정리되어 있었다. 묘
갈비는 절개와 지조의 상징으로 꼽히는 청음 김상헌이 지었다

고 한다. 박수홍은 유년 시절부터 영특해 1618년 과거에 급제한 후 요직을 두루 거쳤다. 정묘호란 후 김제 금구 현령으로 부임해 전란으로 황폐해진 고을을 재건하고 민심을 수습해 백성들이 송덕비를 세우기도 했다. 그 외에도 평양부 서윤, 함경도 북부의 온성 부사로 발탁되어 부임한 곳마다 목민관으로 백성들의 존경을 받았다. 문집으로 《봉곡문집蓬谷文集》이 있다. 《봉곡문집》은 자신이 직접 겪은 사실을 연대기 형식으로 짧고 명료하게 서술한 책이다. 아울러 시를 통해 전란의 참상과 도탄에 빠진 백성들에 대한 염려와 시국에 대한 비분 등을 격정적으로 호소하기도 했다.

그의 호가 한 마을의 지명이 될 정도로 박수홍은 오래도록 기려지고 있다. 그는 정묘호란이 끝난 뒤 금구로 내려가 민심을 수습하고 목민관을 실천했던 관료로 백성의 칭송을 받았던 인물이다. 그래서일까, 봉곡이라는 지명이 특별하게 느껴졌다. 난세에 영웅이 난다는 말이 있다. 영웅은 특별한 능력을 갖추고 태어나는 것이 아니라 곤궁에 처한 백성의 마음을 헤아리는 공감 능력이 뛰어난 사람이 아닐까. 당시 백성들이 박수홍에게 가졌던 마음을 짐작해 보며 하늘을 올려다본다. 언제 비가 왔느냐는 듯 하늘은 쪽빛으로 맑아지고 있었다.

효열각 내 중앙에 효자 박진환 정려편액과 비, 오른쪽에 열녀 양주 조씨 정려편액, 왼쪽에 함종 어씨 정려편액이 나란히 걸려 있어 봉곡동 밀양 박씨 종중의 효열에 대한 정표를 잘 보여 주고 있다. 함종 어씨 정려편액은 밀양 박씨 일문의 역사와 함종 어씨의 열행烈行을 증명해 주고 있어 그 가치와 의의가 높다. 함종 어씨는 박래은의 처다. 박래은은 경주부윤 박수홍의 9세손이며 박의호의 독자였다. 박래은이 1811년(순조 11) 질환으로 급사하자 함종 어씨는 슬하에 혈육이 없음을 한탄하면서 자결하였다. 이제는 그 의미가 흐려지긴 했지만 '효'는 사람과 사람 사이에 행해지는 모든 덕목 가운데 예를 다하는 것으로 여전히 우리에게 의미 있게 자리하고 있다. 봉곡은 '효의 마을'로 역사의 한 페이지 속에 살아 움직인다.

구미 시립 봉곡도서관

봉곡도서관이 위치한 곳은 성남星南, 일명 별남마을이다. 별남, 이름이 참 예쁘다. 구미는 봉곡도서관 외에도 다섯 개의 도서관과 두 개의 작은 도서관이 있다. 그 가운데 봉곡도서관은 2007년에 지었는데 구미 유일의 어린이도서관인 '구미 봉곡 어린이도서관'이 있다. 주차장에서 도서관을 바라보면 H형으로 된 두 개의 건물이 연결된 것이 특징이다. 비 오는 날 도서관 2층 유리창으로 바라보는 금오산의 모습은 무척이나 아름답다. 먼저 왼쪽의 어린이도서관으로 들어가 봤다. 신발을 벗고 안으로 들어가자 어린이집에서 견학 온 아이들이 선생님을 따라 종종걸음으로 이곳저곳 돌아보고 있었다. 1층에는 유아실, 2층에는 아동 자료실이 있는데 안으로 들어가 살펴보니 때마침 '책 읽어주는 할머니' 프로그램을 하고 있었다. 할머니가 들려주는 그림책을 참새처럼 둥글게 앉아 듣고 있는 모습이 사랑스러웠다. 2층으로 올라가니 소파들이 둥글게 놓여 자유롭게 책을 볼 수 있는 공간이 눈에 들어왔다. 어린이책 대출이 지역 내 도서관 중 가장 많다는 이유를 알 수 있을 것 같았다. 스벅권도 역세권도 아닌, 도서관권이 있는 봉곡동이 새삼 부러웠다. 도서관이 가까이 있으니 주변 아이들은 이곳에 와서 책도 읽고 친구들과 만나 매점에서 컵라면도 나눠 먹으며 유년 시절을 보낼 수 있을 테니, 어른이 되면 이곳을 어떻게 추억할 것인지 궁금해졌다. 집 가까이 도서관이 있다는 것은 그 무엇과도 바꿀 수 없는 소중한 장소임이 틀림없다. 밤이 되면 봉곡도서관은 도심 가운데 별처럼 빛나는 곳으로 변신한다. 사람들이 도서관 주변에서 반려동물과 산책을 하거나 가로등 불빛 아래 벤치에 앉아 이야기를 나누기도 한다. 가을에는 시 낭송이나 야외 공연도 감상할 수 있다.

봉곡동은 주변에 학교가 많기로 유명한데, 교육기관으로 경구중학교, 경구고등학교, 선주초등학교, 선주중학교, 선주고등학교, 봉곡중학교가 있다. 이렇듯 초·중·고 학교가 모두 있고 즐겨 찾을 수 있는 테마 공원이 봉곡동 중심에 있어 주거 환경이 양호한 덕분인지 유입 인구가 계속 늘어나는 추세다. 인구가 늘어나는 데는 교통이 편리한 점도 한몫한다. 특히 봉곡동은 김천과 경계에 있으며 그 앞으로 경부고속도로, 경부선 철도가 지나가고 2021년 12월에는 북구미 IC도 개통했다.

봉곡에는 옛사람들의 삶의 방식과 태도를 엿볼 수 있는 크고 작은 유적이 많다. 대표적인 것이 봉곡도서관 공원의 돌뺑이 바위와 효열비, 의우총이다. 봉곡도서관은 가까이에서 이런 유적을 살펴볼 수 있는 장소라 더욱 남다르게 다가온다.

별남마을과 돌뺑이

봉곡도서관 입구에는 큰 바위가 있다. 사실 책을 빌리려고 도서관을 수차례 왔음에도 모르고 지나쳤다. 이 돌뺑이 바위는 엄마 바위와 아들 바위가 산에서 굴러오다 이곳 봉곡도서관 입구 자리에 멈췄다는 전설이 있다. 이 바위를 만지면 우환이 있다고 하여 도서관 건립 당시에도 바위를 건드리지 않고 보존하였다는 내용이 표지판에 써 있다. 돌뺑이는 경상도 사투리로 돌멩이를 말한다. 돌멩이는 돌덩이보다 작은 돌인데 어째서 이 큰 바위를 돌뺑이라 부르게 되었을까? 그리고 엄마 바위와 아들 바위가 굴러오다가 손이라도 놓친 걸까? 어째서 아들 바위는 보이지 않는 걸까? 이 돌뺑이를 만지면 정말 우환이 생길까? 의문

이 꼬리를 이었다. 돌뺑이 앞에서 한참 생각에 잠겨 있자니 어린이집에서 견학 온 아이들이 바위를 보고는 주위를 빙빙 돌기도 하고 올라가려고 발도 버둥거리는 것이 아닌가. 돌뺑이 앞에서 나란히 서 사진을 찍고 나서야 아이들은 돌뺑이에서 멀어져 잔디밭 벤치에 가 앉았다. 들고양이나 새들도 자주 이 바위 위에 올라가 쉰다고 하니, 아이나 동물들의 눈에는 그저 엄마의 품처럼 안기고 싶은 바위로 인식되는 것 같다.

그럼에도 만지면 우환이 생긴다는 전설의 내용은 이 바위

가 별남마을 경계석으로 쓰였다는 사실에서 그 연유를 짐작할
수 있지 않을까. 아마도 지역을 구분 짓는 경계석이니 '건들지
마라'는 의미에서 비롯된 전설이 아닐까 짐작해 본다. 우환이
있을 거라는 금기의 전설보다 아들 바위를 몇백 년이나 기다리
는 간절한 소망의 돌뻥이로, 끝까지 아들을 기다리는 진한 모정
의 엄마 바위로, 그 의미가 새롭게 태어나도 되지 않을까 싶다.

의우총

봉곡도서관 앞 주차장 잔디밭에는 의우총義牛塚이 있다. 봉곡도
서관에 있는 의우총을 비롯해 해평면 낙산리의 의구총, 산동면
인덕리 의우총, 이렇게 세 개의 동물 무덤 중 가장 잘 알려진 것
은 낙산리 의구총의 사연이다. 산불이 난 걸 모른 채 잠들어 있
던 주인을 충직한 개가 낙동강까지 달려서 털에 물을 묻혀 와
주인을 살렸다는 이야기는 꽤 알려진 내용이다.

봉곡도서관의 의우총에 전해지는 이야기는 다음과 같다.

조선 정조 때 구미 봉곡동이 친정인 밀양 박씨는 젊은 나이
에 남편과 사별하였다. 집안의 큰 재산인 암소가 새끼를 낳
은 지 얼마 되지 않아 죽자 박 씨는 애송아지를 위해 나물죽
을 끓여 자기 손에 발라 핥도록 하며 지극정성으로 길렀다.

그러다 집안 형편이 더욱 기울어 개령장에 소를 내다팔 수밖에 없었다. 그 뒤 박 씨가 병이 들어 숨졌는데 상여가 나가는 날 누런 암소가 와서는 상여를 가로막고 울부짖으며 날뛰더니 급기야 죽고 말았다. 동네 사람 하나가 그 소가 박 씨가 기르던 송아지라는 것을 알아보고 박 씨의 무덤 아래 같이 묻어주었다.

의우총 이야기는 분명 당시의 유교 이념이었던 충의를 백성들에게 알리고자 각색된 부분이 있을 것이다. 말 못 하는 소도 자신을 길러준 은혜를 잊지 않는데 하물며 사람이 은혜를 잊어서야 하겠느냐, 하는 교훈을 주자는 의도가 깔려 있을 것이다. 이 의우총 이야기와 더불어 조선 시대 홀로 된 여인의 삶을 생각해 본다.

박 씨에게 송아지는 단순한 재산이 아니라 홀로된 자신의 처지와 비견되어 동질감을 느꼈을 테고 오늘날 반려견이나 반려묘처럼 소중한 가족으로 느껴졌을 것이다. 그러다 형편이 어렵게 되어 어쩔 수 없이 소를 팔았지만 반쪽을 잃은 듯한 절망감에 여인이 그만 병이 든 것은 아닐까. 팔려 간 소는 박 씨의 죽음을 어찌 알고 왔을까? 어쩌면 소 역시 혈육의 정으로 엄마를 찾는 아들처럼 마음이 이끌려 달려온 것은 아닐까. 의우총 앞에서 나는 그 옛날 한 여인의 삶을 펼쳐 보았다.

효자 이명준의 백원각

봉곡도서관 주차장 한편에 조선 영조 때의 효자 이명준을 기리는 정려각인 백원각이 있다. 낮지만 담장이 둘러 있어 백원각 내부를 자세히 들여다볼 수는 없다. 잔디밭 사이 표지판에는 백원각의 주인공 이명준에 관한 이야기가 써 있다.

가난한 집안에서 태어나 평소 부모를 극진히 봉양했던 효자 이명준은 부친이 별세하자 3년 시묘를 하였다. 노모가 병환에 걸렸을 때는 3년간 약을 시탕하며 효를 다했는데 노모가

94세에 별세하고 삼우제를 지내고 나자 저절로 약탕관이 깨졌다는 이야기가 전해진다. 백원각 외부에도 비석 한 기가 세워져 있다. 시묘하며 무릎 닿은 곳이 구덩이가 되었고, 절한 곳에는 풀이 말라 죽었다고 한다. 후에 이명준이 세상을 떠나고 2년 뒤 정려편액이 조성되어 백원각 내에 보존되었으며 묘소는 벽진 이씨 집성촌인 별남마을 앞산에 있다. 봉곡동에 세거한 벽진 이씨 일문의 역사와 조선 시대 충효에 바탕을 둔 유교의 영향력, 효자 이명준의 효행이 어우러진 이야기가 지역사회에 모범이 되니 그 의의가 크다.

이곳은 도서관에 자주 오는 사람들도 일부러 발길을 멈추지 않으면 그냥 지나치기 쉬운 곳이다. 낮은 담장 너머로 발끝을 들고 안을 들여다봤다. 자신을 낳아준 부모를 봉양하는 '효'의 개념이 오늘날 사람들에게 어떻게 다가올지 모르겠다. 오늘날의 효는 통치 이념도, 부모와 자녀의 수직적 의무도 아니다. 이제 효는 예전처럼 부모와 자식 간의 수직적 구조에서 한쪽의 일방적인 자기희생으로 이루어지는 것이 아니다. 서로에 대한 존중에서 비롯되는 애틋함을 기반으로 그 뜻이 넓고 다양하게 해석될 수 있지 않을까. '효'의 개념에서 예나 지금이나 달라지지 않는 한 가지는 애틋한 마음인 것 같다. 그 애틋한 마음 밑바닥에 효가 자리 잡고 있다. 효는 부모에 대한 측은지심이 또 다른 모습으로 발현된 것이 아닐까.

봉곡에서 만난 사람① '분다' 권선화 씨

봉곡도서관을 나오는데 담장을 가득 채운 담쟁이와 작고 소담스러운 화분들이 눈길을 끈다. 노란 덩굴장미와 어울려 마당가에 옹기종기 놓인 화분들. 봉곡도서관 곁의 홍차 카페 '분다'의 풍경이다.

주택 1층에 바느질 공방을 겸하고 있는 이 카페는 홍차와 직접 만든 케이크가 주메뉴다. 카페의 입구에는 크고 작은 화분이 주인의 정성스러운 손길을 받아 소담하게 자리하고 있다. 아치형으로 굽어 있는 분홍 찔레도 눈길을 사로잡는다. 권선화 씨

는 구미 토박이로 오랫동안 인동에서 살다 7년 전에 이곳 봉곡으로 이사했단다. "집터를 보는 순간 기역 자 형태의 집이 그려졌어요." 권선화 씨는 바느질 공방을 겸한 찻집을 열고 싶다는 오랜 꿈을 봉곡에서 이뤘다. "친구야, 창문 밖을 봐. 바람이 분다"는 친구의 지나가는 말이 마음에 훅! 다가와 찻집 이름도 '분다'로 정했다고 한다. "분다, 라는 말에 크게 의미를 부여하지는 않아요. 30대 후반 아이를 낳고 불현듯 바느질하고 싶다는 강한 충동에 휩싸였어요." 자신의 정체성을 찾는 과정에서 자수가 있었고 한 땀 한 땀 수를 놓으며 자신을 찾았다고 한다.

바느질 공방에서는 매주 화요일과 목요일 오전에 수강생들에게 프랑스 자수를 가르친다. 저녁이면 클래식 수업, 세계사 수업, 주역 수업 등 소규모 공부 모임도 진행된다고 한다. '분다'는 동네 찻집이면서 사람과 사람을 잇는 공부 공간이기도 하다. 우리의 삶도 조화와 어울림으로 수를 놓으며 살아가는 것이 아닐까. 문득, 머리카락이 살짝 휘날리는 기분 좋은 바람이 분다.

지역에 부는 작은 변화의 바람은 사람에서 나온다. 봉곡에는 자신의 일에 자부심을 가지고 묵묵하게 나아가는 사람들이 곳곳에 있다. 봉곡은 과거 효의 정신을 고스란히 간직한 채 새롭게 꿈을 찾아 들어온 사람들이 만들어 내는 장소로 변모하고 있다. 과거와 현재가 서로를 보완하며 터를 잡고 살아가는 사람들이 있는 곳, 작고 소박한 것들을 품고 있는 봉곡이 더 다정하게 다가오는 이유다.

봉곡에서 만난 사람② 마켓브레이즈 조재형·최중철 대표

봉곡에 새로운 명소가 생겼다. '도시와 농촌을 잇다'는 슬로건을 내세우며 구미 지역 카페에 새바람을 불러일으킨 '마켓브레이즈'가 그곳이다. 마켓브레이즈는 구미 일대에서 한 달에 한 번씩 정기적으로 경북 지역의 건강한 먹거리를 모아 플리마켓을 진행해 오다, 이번에 봉곡동의 옛 실내놀이터 자리를 리모델링해 카페를 오픈하게 되었다. 마켓브레이즈는 단순한 카페가 아니고 근처 농가에서 생산하는 농산물을 직접 선별해서 직거래하는 로컬브랜드 통합지원 플랫폼 브랜드이다. 카페를 찾는 손님에게는 차도 마시고 장도 볼 수 있는 일석이조의 공간이다. 특히, 시장바구니를 가져가면 포장비를 뺀 저렴한 가격으로 과일을 살 수 있다. 이를 통해 농가는 소득을 높이고, 소비자들은 과대포장을 지양한 신선한 물건을 저렴한 가격으로 만날 수 있다. 카페 입구에는 포도, 멜론, 홍감자, 사과, 배가 쌓여 있다. 일반적인 과일 가게의 분위기와도 사뭇 다르다. 시장바구니를 가져가면 포도를 2,000원 할인해 준다는 손팻말이 보인다. 사과나 배는 종이봉투에 담아 준다. 지역 농가에서 수확한 참기름, 들기름, 꿀 등 다양한 농산물이 용기에 담겨 있다. 믿고 먹을 수

있는 먹거리를 가까운 곳에서 저렴하게 살 수 있고, 환경보호를 위해 과대포장을 하지 않는 모습이 인상 깊었다. 커피도 마시고 농산물도 사는 새로운 카페 모델인 이곳에는 로컬 밴드들이 공연할 수 있는 무대도 마련되어 있다. 조재형, 최중철 대표는 "카페를 통해 건강한 먹거리 생산자들과 로컬 밴드 등이 모여 다양한 콘텐츠를 만들어 가는 활동을 이어나가겠다"라는 각오를 내비쳤다. 다봉산에서 불어오는 시원한 바람을 맞으며 양손 가득 과일을 들고 카페를 나섰다. 봉곡동에는 역사와 문화를 잇는 기분 좋은 바람이 곳곳에 분다.

4

문장골 밤실마을,
이야기꽃이 피어나다

금오산 맑은 물줄기가 흐르는 '도랑' 앞마을에서 야은 길재가
제자를 길러 도학을 깨우치게 했다, 하여 도량道良동이다.

길재는 관직을 버리고 고향으로 내려와 율리(현, 도량동 밤실
마을)와 금오산 아래에 배움터를 열었다. 양반가 유생뿐만 아니
라 신분이 낮은 집안의 아이들에게도 배움의 길을 열어 두었다.
그래서 길재의 집안 하인들은 절구를 찧으면서도 시와 글을 읊
었을 정도라고 했다. 길재의 가르침은 여러 제자에게로 이어져,
훗날 조선 성리학이 융성하는 데 큰 기틀이 되었다. 사람으로서
마땅히 지켜야 할 도리를 흔들림 없이 지켜낸 그의 신념은 임진
왜란 때 의병 활동으로, 구한말 독립운동으로 전해졌다. 그래서

오백여 년의 시간을 가로질러 1978년 구미시 승격 전후로, 구미를 대표하는 공립학교인 구미중학교(1975년 이전), 구미고등학교(1980년), 구미여자고등학교(1981년)가 도량동에 차례로 들어선 것은 우연이라고 하기엔 묘한 운명처럼 느껴진다. 사람들은 길재의 뜻을 이어 지역 인재를 양성하는 산실이 된 이 지역을 '문장골'이라고 불렀고, 구미대학교에서 도량동을 지나 신평동까지 이어지는 큰길의 이름은 길재의 호를 따서 '야은로'가 되었다.

문장골

이곳의 도심 내 마을이 어떻게 확장되는지 초등학교의 설립 과정과 함께 살펴보면 흥미롭다. 도량동에 처음 생긴 도산초등학교는 1982년 구미초등학교(1920)에서 12학급을 분리하여 개교하였다. 당시에는 동네 이름이 도량동과 지산동이 합친 도산동이었을 때라 학교명이 도산국민학교였다. 1990년대 중반 도량 2동에 도량3주공아파트와 파크맨션 등 대단지 아파트가 들어서면서, 도산초등학교에서 도량초등학교(1994)가 분리되어 설립된다. 도량초등학교는 다시 야은초등학교(1999)로 분교되고, 바로 옆에 도송중학교(2000)가 생겼다. 도량그린빌과 봉곡뜨란채 등 새로운 단지가 조성되면서 도봉초등학교(2004)가 도량초등학교에서 학급이 분리되어 설립되었다. 1997년 고아읍 원호 지구에 아파트 단지가 생겨 도산초등학교에서 원호초등학교 (1997)로 나눠지고, 다시 원호에서 문장초등학교(2004)로 분교되었다.

이렇게 도량동은 두 갈래로 난 산골짜기에 대단위 아파트 단지가 차례로 생기면서 대표적인 주거 지역이자 교육 중심지가 되었다.

야은사와 충효당

도량동 행정복지센터가 있는 밤실마을 안쪽 끝자락에는 야은사와 충효당이 있어 길재의 자취를 느낄 수 있다. 야은사로 올라가는 길목에 야은 정원이 조성되어 있다. 붉은 벽돌 바닥 한쪽 벽면에 길재의 생애와 글들이 동판에 새겨져 있었다.

가재야, 가재야! 너도 엄마를 잃었느냐?
나도 엄마를 잃었단다. 삶아 먹을 줄 알건마는
엄마 잃은 것 날 같길래 놓아 보내 준다.

그가 여덟 살 때 가재를 보고 지은 시란다. 길재의 지극한 효심과 학문의 깊이를 알 수 있다. 그런데 눈으로 말고 "가재야, 가

재야 ……"하며 소리 내어 시를 읊으니, 뭐라 설명하기 힘든 미묘한 느낌이 들었다. 지금껏 구미에 관한 책을 쓰면서 문헌으로 만난 길재라는 이름에서 따뜻한 온기가 느껴졌다.

야은사는 길재의 영정을 모시고 기리는 사당이다. 임진왜란 때 소실된 후 여러 차례 손질하여 지금과 같은 모습을 갖췄다. 정면 3칸, 측면 2칸 규모의 사당에는 길재의 영정과 《야은문집》 판각본을 비롯한 100여 권의 문집, 시호 교지 등이 보관되어 있다고 한다.

바로 옆에 나란히 위치한 충효당은 본래 구미시 오태동에 있는 오산서원 경내에 있던 회당이다. 오산서원은 조선 선조 때 야은 길재의 충절을 기리며 길재의 묘 앞 나월봉羅月峰 아래에 세운 사당으로, 충효당은 사당 앞에 지은 회당會堂이었다. 그러나 1871년 고종의 서원 철폐령으로 지금의 위치에 이전 건축되었다. 현재 충효당 내부에는 숙종어제필肅宗御製筆의 판각 등이 있다고 한다.

문이 굳게 닫힌 탓에 사당 안쪽으로 들어가 볼 수는 없지만, 야은사 주변으로 여름 햇살을 초록빛으로 물들이는 대나무숲과 붉은 꽃이 백 일 동안 피고 지는 키 큰 배롱나무가 인상적이다. 길재가 직접 심은 대나무라고 하니 바람결에 대나무잎 스치는 소리가 가재야, 가재야, 노래를 부르는 것 같았다.

밤실 벽화마을 공동체

도량동 행정복지센터가 있는 주택가 마을은 학군이 좋은 살기 좋은 동네로 골목마다 뛰어노는 아이들이 참 많았다. 그러나 도시가 아파트 단지 중심으로 개발되면서 차츰 활기를 잃어가고 있었다. 그러다가 최근 이 마을 골목길 곳곳에 그려진 벽화가 소문나면서 지금은 '밤실 벽화마을'로 다시금 명성을 얻고 있다.

밤실에는 삶은 밤 향이 난다. 길재의 제자였던 율향 박서생이 세종 시대에 조선 최초의 통신사로 일본과 외교 활동을 펼치고 수차와 물레방아를 보급하여 농업 기술 혁신에 힘쓴 공적을 세우고 낙향한 후 이곳에 머물면서 밤나무를 많이 심었다는 이야기가 전해진다.

밤실마을엔 현재 4개의 벽화 길이 있다.

2014년 맨 처음 생긴 1코스 길은 '야은 길재 선생 이야기 길'이다. 도산초등학교 담벼락을 따라 야은 길재의 일대기를 담은 글과 그림이 등하굣길 아이들을 맞이하고 있다. 2코스 '배움과 나눔의 길'은 마을 뒷산과 맞닿은 뒤안길을 따라 그려져 있다. 마을 어르신들이 꽃을 좋아해서 꽃 그림이 많은 이 길의 다른 이름은 '꽃과 바람의 길'이다. 이름처럼 마을 주민들이 자투리땅을 꽃밭으로 가꾸었다. 그래서 진짜 꽃향기와 바람이 머무는 아름다운 산책길이 되었다. 2코스와 3코스를 연결하는 '시크릿가든'은 두 사람이 지나가면 어깨가 부딪칠 정도로 좁은 골목에 그려져 있어 색다른 재미가 있다. 3코스 '밤실 사람들 이야기 길'은 구미고등학교 뒤편 골목길을 중심으로 어제와 오늘을 살아가는 밤실마을 주민들의 이야기가 그려져 있고, 마지막으로 도량산림공원과 연결되는 큰길 건너편의 골목길에는 4코스 '미소 방긋 길'이 그려져 있다.

밤실마을의 벽화는 누구 한 사람 혹은 한 단체의 힘이 아니라, 마을공동체를 구성하여 함께 만들어 간다는 점에서 특별하다. 마을 주민인 2명의 책임 작가가 밑그림을 그리고, 마을 주민과 자원봉사자들이 함께 그림을 완성한다. 이 작업은 지역의 기업과 금오종합사회복지관에서 지원한다. 그래서 오래된 주택가 골목길, 어른 키보다 낮은 담장에 그려진 벽화에는 지금 여기 밤실마을 사람들의 이야기가 오롯이 담겨 있다.

세상을 떠난 강아지가 그리워 골목길 동백나무 그늘 아래 쉬고 있는 그림으로 남겼고, 손주가 그리워 손주가 좋아하던 슈퍼맨과 로봇이 탄생했다. 담장의 나무줄기에 석류나무가 푸르게 자라고, 능소화꽃이 활짝 핀 담장엔 능소화 그림이 더해져 있다. 벽에 금이 간 곳은 나무줄기가 되고, 화장실 환풍기는 새집이 되었다. 텃밭 사이로 지나가는 오리, '사랑해' 마음에 힘을 주는 말들, 경이네 연탄구이, 고향집으로 가는 길···. 골목길을 거닐며 구석구석 숨은 벽화를 찾는 재미가 참 쏠쏠하다.

구미정과 벼락바위

외지로 먼 길을 떠났다가 밤늦게 구미로 돌아오는 길. 경부고속도로 옆으로 나지막한 산머리에 불 밝힌 정자가 보이면, '아, 구미에 다 왔구나!' 하며 마음이 평온해진다. '구미정'은 새천년 밀레니엄을 맞이하여 도량동 뒷산 모퉁이 산마루에 세운 정자다.

그 구미정 근처 지산 들판이 잘 내려다 보이는 곳에는 '벼락바위'라는 전설이 내려오는 바위가 있다. 안타까운 사연이 있는 전설에 조금 살을 보태 다시 풀어 써 본다.

옛날 옛적에, 금오산에서 큰 바위 하나가 툭 떨어져 나와 밤실마을 뒷산에 와 박혔다.

언젠가부터 큰 바위 아래에 어린 용마龍馬가 살았다. 예부터 밤실마을에는 용마가 태어나 머리에 멋진 뿔이 날 때 마을에도 훌륭한 인물이 날 거라 했고, 용마가 큰 날개를 펼쳐 하늘을 날게 될 때 그 둘이 만나 세상을 위해 큰일을 할 거라는 계시가 있었다.

이제 막 머리에 뿔이 돋아난 어린 용마가 금오산 곳곳을 내달리며 힘을 길렀다. 하루는 바위 아래 보금자리에서 쉬고 있는데, 한 나그네가 바위 위를 지나갔다. 나그네는 밑도 끝도 없이 무지막지한 욕을 지껄였다. 이에 산신령이 어찌나 화가 나던지, 나그네가 앉아 쉬던 바위에 큰 벼락을 내리쳤다. 우르르 쾅쾅!! 벼락 맞은 나그네가 어찌 되었는지 알 바 아니지만, 그 바람에 바위 아래에서 잠자고 있던 어린 용마가 애꿎게도 벼락을 맞아 죽고 말았다. 큰 바위는 여러 조각으로 갈라졌고, 그 뒤로 이 마을에 더는 큰 사람이 나오지 않는다.

이 이야기는 아기 장수 설화처럼 민중의 영웅(용마)이 사소하면서 엉뚱한 봉변(나그네의 욕)을 만나 대업을 이루지 못했다는 아쉬움을 담고 있다. 그런데 나그네는 누굴까? 혹시 무엇이든 될 수 있는 잠재력을 가진 아이들을 무시하며 무심결에 상처 주는 말을 쏟아 내는 어른들은 아닐까? 혹은 큰 바윗덩이처럼 지나친 기대감으로 아이들의 어깨를 짓누르고 있는 어른들은 아닐까? 이렇게 벼락바위 전설은 용마 이야기지만 말들에 관한 이야기일지도 모른다. 그래서 벼락바위 주변 작은 돌멩이를 쥐고 속삭였다.

"그런데 말이야, 이 전설에 따로 전해오는 뒷이야기가 있더래. 어린 용마한테는 어렸을 때부터 가지고 놀던 구슬이 있었는데, 산신령이 벼락을 내리칠 때 녹아서 바위랑 하나가 되었다는 거야. 그래서 벼락바위 위에서 따뜻한 말, 힘이 되는 말, 사랑스러운 말을 하면, 그 말들이 모이고 모여서 산만큼 크게 모이면, 바위와 하나가 된 구슬에서 빛이 나고 하늘로 올라간 용마를 불러올 수 있대. 그러니까 지금 여기, 좋은 말 한마디를 남겨 주렴! 좋은 말은 용마를 부를 거야."

그리고 좋은 말을 담은 돌멩이로 탑을 쌓는다. 이렇게 좋은 말의 탑을 쌓다 보면, 우리 고장에 멋진 인물이 탄생하지 않을까, 상상하면서 말이다.

5

자연과 사람이
함께 공존하다

구미정과 벼락바위가 있는 동산은 남북으로 길게 뻗어 도량동과 지산동의 경계를 나눈다. 지산동은 도농통합 이전에 구미시와 선산군을 잇는 관문이었다. 그래서 도시 내 생활권과 가까우면서 농촌 생활권과도 밀접한 관계를 맺고 있다. 마을 앞에 구미와 선산을 오가는 큰 간선도로가 있고, 그 앞에는 드넓은 논밭이 동쪽 끝 낙동강까지 쭉 펼쳐져 있다.

지산 샛강생태공원

1960년대 이전에는 낙동강이 지산동 안쪽으로 크게 굽이쳐 흘렀다. 마을 앞에는 낙동강에서 갈려 나온 작은 물줄기, 샛강이 흘렀다. 1960년대 이후 구미국가산업단지를 조성하면서 홍수에 대비해 낙동강 강변에 강둑을 세웠다. 굽이굽이 흐르던 낙동강이 둑을 따라 곧게 흐르게 되었고, 샛강으로 흐르던 물길도 끊겼다. 뜻하지 않게 갈 길 잃은 샛강은 논밭 한가운데 멈춰서 점점 늪이 되어 버렸다.

한참 동안 버림받던 샛강을 되살리기 위해 마을 사람들이 팔을 걷어붙였다. '지산 샛강생태보존회'를 꾸려 습지의 중요성을 알리며 생태계 보전에 앞장섰다. 구미시도 발맞춰 2009년부터 수년간 많은 예산을 지원해 자연생태계가 잘 보전된 도심 내 습지 생태공원을 만들었다. 지산 샛강생태공원은 괴평교 연꽃 광장을 중심으로 남과 북, 두 갈래로 뻗어 있는 소뿔 모양 습지(우각호)이다. 면적이 약 254,000제곱미터(길이 2.5km, 둘레 5.6km)로, 순환산책로와 물 위로 난 수변관찰데크, 한선 전망대와 쉼터가 잘 조성되어 있어 나들이하기 참 좋다.

샛강은 봄·여름·가을·겨울, 철마다 풍경이 달라져 계속 찾게 되는 매력이 있다. 3월 이른 봄, 경칩에는 아이들과 함께 개구리를 만나러 간다. 바람은 아직 차지만 겨우내 잔뜩 움츠렸던 몸을 풀기엔 그만이다. 4월 초 호숫가 산책길엔 벚꽃이 흐드러지게 피고, 초여름에는 버찌랑 애벌레를 만날 수 있다. 곳곳에서 쑥쑥 자라나는 물풀들, 그 속에 헤엄치고 다닐 다양한 물

고기와 물속 생물들, 습지 생물들 사이에는 천연기념물 수달도 살고 있다고 하니 눈을 크게 뜨고 볼 일이다.

샛강은 구미의 대표적인 연꽃 연못(연지) 중 하나다. 무더운 여름이 시작되면 습지엔 물이 보이지 않을 정도로 연잎으로 가 득 찬다. 7~8월경에 꽃봉오리가 하나둘 수줍게 올라와 연꽃이 핀다. 수려한 연꽃 사이로 가시연꽃도 볼 수 있다. 비가 온 뒤에 는 연잎 위로 또르르 흐르는 물방울을 볼 수 있다. 가을에 연잎 이 시들면 송송송 구멍 뚫려 신기한 연밥(연 씨앗주머니)을 볼 수 있다. 갈대밭에서 사진찍기도 좋지만, 아이들은 풀밭 사이로 뛰 어다니는 메뚜기를 잡느라고 바쁘다.

겨울에는 철새들이 찾아온다. 인근에 유명한 철새도래지였던 낙동강 해평습지가 4대강 사업으로 크게 줄어들었다. 그래서인지 지산 샛강을 찾는 겨울 철새들이 더 많아졌다. 특히 최근엔 천연기념물이자 멸종위기종인 큰고니(백조) 떼가 힘든 여행길에 잠시 머물러 간다. 물 위에 유유히 떠 있거나 해 질 녘 날갯짓하며 날아오를 때, 귓가에 절로 차이코프스키의 〈백조의 호수〉가 환청처럼 들려온다.

생태공원 안내표지판에는 지산 샛강을 '자연과 사람이 공존하는 생태휴식공간'이라고 써 놓았다. 흔한 소개말일 수도 있다. 하지만 그 말속에는 사람들 손에 물길이 막혀서 버려졌던 습지가 사람들 손으로 다시 살아난 '역사'가 담겨있다. 최근 샛강을 가로지르는 큰 도로가 생겼다. 샛강의 존재를 잘 알지 못하는 무심한 사람들이 자동차 소음과 매연을 뿜으며 지나갈 것이다. 또다시 사람의 손에 샛강을 삶터로 살아가는 '자연 생명들'이 위협받지 않았으면 좋겠다. 자연을 즐기며 생명을 돌보는 '사람들'의 힘으로 샛강이 오래도록 건강하길 바란다. 그것이 진정한 자연과 사람의 공존 공생의 의미일 테다.

구미의 소리를 찾아서, 발갱이들소리 전수관

발갱이들소리 전수관을 떠올리면 피식 웃음이 난다. 전수관을 처음 알게 된 것은 엉뚱하게도 이곳이 선거용 사전투표소였기 때문이다. 투표소 안내를 받고 이름이 신기하다고 여겼다. 처음엔 '발갱이들소리'가 '발갱이들의 소리'로 생각했다. 발갱이1, 발갱이2, 발갱이3과 같이 복수의 발갱이 말이다. 그러다 상상력은 정말 엉뚱한 데로 번졌다. 쌀을 살로 발음하는 경상도식 발음처럼 빨갱이를 발갱이라고 부른 게 아닐까, 하고 말이다. 오해는 투표를 하러 가서 전수관 안내문을 보고 금세 풀렸다. 놀랍게도 '발갱이들'이라는 단어에는 아주 특별한 역사적 배경이 있었다.

서기 936년 후삼국 시대를 매듭짓는 마지막 전투가 고아·지산 들판에서 벌어졌다. 태조 왕건이 이끄는 고려군과 견훤의 아들 신검이 이끄는 후백제군이 전력으로 맞부딪친 이 전투에서 왕건은 대승을 거두고 신검은 크게 패해, 후삼국은 고려로 통일되었다. 발갱이들 지역은 이곳에서 왕건이 신검을 사로잡고 발본색원했다 하여 발검평야拔劍平野라 불리었고, 이것에서 '발검들', '발갱이들'이 기원했다고 전해진다.

구미 '발갱이들소리'는 지산동 일대 논밭인 '발갱이들'에서 농사일을 할 때 부르던 농업노동요 즉 '농요'다. 1980년대 중반에 지역 향토 사학자들이 가사를 채록하고 다듬어, 1991년 전국민속예술경연대회에 참가하여 문화부장관상을 받으며 주목을 받았다. 이후 발갱이들이 있는 지산·괴평·문성 일대의 농민들이 모여 발갱이들소리보존회를 조직해 활동하면서, 1999년 경상북도 무형문화재 제27호로 지정되었다. 2010년에 전수관을 개관하여 해마다 정기공연을 하고 있다.

'발갱이들소리'는 총 열 마당으로 구성되어 있다. 농사꾼이 나무를 하거나 풀을 벨 때 부르는 '신세타령(어사용)'부터 여럿이 가래삽질하며 부르는 '가래질소리', 망깨라는 쇳덩이를 들어 올려 땅을 다질 때 부르는 '망깨소리', 무거운 나무를 옮길 때 부르는 '목도소리'가 있다. 다섯 번째 마당부터는 논농사를 짓는 순서에 따라 '모찌기소리', '모심기소리', '논매기소리', '타작소리'가 이어진다. 아홉 번째 마당인 '치나칭칭나네(칭칭이)'는 농사일을 마치고 집으로 돌아오며 부르는 흥겨운 노래로, 대표적인 영남 민요인 '쾌지나칭칭나네'의 발갱이들소리 버전이라 볼 수 있다. 그리고 마지막에는 '베틀소리'로 마무리된다.

1970년대 이후 우리나라는 산업사회로 빠르게 성장했다. 사람들은 농촌을 떠나 도시로 향했고, 그 빈자리를 기계가 대신하면서 두레와 품앗이, 농요와 같은 농촌공동체의 전통이 빠르게 사라졌다. 사느라 바빠서 때로는 낡은 것으로 여겨져서, 유무형의 문화유산들이 기록·보관·전승되지 못한 채 많이 사라졌다. 그런 측면에서 우리나라 도시산업화의 상징인 구미에서 농촌공동체의 상징과 같은 발갱이들소리가 원형에 가깝게 전승되고 있다니, 그 의미가 배가 되는 것 같다.

소리나 노래는 사람들 사이에 널리 불려질 때 꽃핀다. '발갱이들소리'를 직접 한번 들어보면 좋을 것 같다. 생각보다 소리가 참 구수하고 경쾌하다. 하지만 요즘에는 대부분 기계를 활용해 농사를 짓는다. 그러다 보니 예전처럼 농사일을 함께 하며 부르던 공동체 농요로서의 속성을 잃어가니 다음 세대로 전승하는 데 어려움이 크다고 한다. 그래도 많은 이들이 관심을 가지고 원형대로 전수해 갔으면 좋겠다. 그러다 어느 날 '발갱이들소리'로 제4차 산업혁명 시대가 불러올 새로운 노동요와 협업 공연을 하면 참 재미있겠다고, 엉뚱한 상상을 해 본다. 구미의 소리가 과거와 현재와 미래를 넘나들며 사람들의 삶과 계속 이어졌으면 좋겠다.

구미무형문화재 발갱이들소리

6

갈뫼루에서 바라본
낙동강

4월의 바람에는 노란빛이 숨어 있다. 노란 산수유도 피우고 노란 생강나무꽃도 피운다. 시원한 여름 바람과는 다르고 그렇다고 옷깃을 여밀 찬바람도 아니다. 알싸한 바람, 갈뫼루를 오르는 동안 알싸한 봄바람이 불어왔다. 나란히 키를 맞춘 싸리꽃들이 바람에 흔들리는 게 꼭 갓 학교에 입학한 아이들 같았다. 손바닥으로 꽃나무를 쓰다듬으며 갈뫼루로 향했다.

갈뫼루

갈뫼루 팔작지붕이 하늘의 양 끝을 팽팽하게 잡고 있다. 갈뫼루는 비산나루터 위에 자리하고 있다. 비산나루는 신라 비산부곡 때부터 근세까지 선산부의 남부 지역 물자교역의 관문 역할을 한 곳이다. 부산 등의 하도에서 올라온 상선이 소금과 해산물을 하역하였고, 내륙지방에서 생산된 농산물과 수공업품 그리고 도자기류 등을 교역하여 지역 상거래의 중심 '갈뫼시장'이 형성 되었다. 비산동 생활체육회 주관으로 맨손으로 민물 잡기, 소금 나르기, 나루터 사진 전시, 갈뫼시장 장보기 등 다양한 체험을 통해 옛 문화를 세승, 기념하고자 갈뫼루를 건립히였다.

갈뫼루 낮은 계단을 올라갈 때만 해도 그 뒤에 뭐가 기다리 고 있을지 상상이 가지 않았다. 궁금함에 발걸음을 재촉해 오르 니 막혔던 몸과 마음이 활짝 열렸다. 갈뫼루 아래는 체육공원이 넓게 펼쳐져 있고 낙동강이 산호대교 아래로 유유히 흐른다. 구 미는 낙동강을 중심으로 강동 지역, 강서 지역으로 나뉘는데 이 곳은 그 경계에 자리 잡은 곳이다. 지산동에서 양호동으로 펼쳐 진 넓은 평야가 '그림 같다'라는 말밖에는 다른 말이 떠오르지 않는다. 그게 끝이 아니다. 여기 봐! 누가 부른 것처럼 문득 뒤 를 돌아보니 두 눈 가득 금오산이 선명하게 들어왔다. 그 아래 로 신평동 낮은 집들이 소담스럽게 안겨 있다.

'갈뫼'는 큰 산, 큰 마을을 뜻하는 순우리말이다. 지금은 큰 산으로 보기 어렵지만, 신라 시대로 거슬러 올라가면 낙동강이 한눈에 내려다보이는 이곳은 그야말로 큰 산이었을 것이다. 부

산에서 올라온 상선들과 갈뫼시장에 모여든 주변 지역 사람들이 한데 어울려 활기로 가득 찼을 이곳. 낙동강은 어디서 보느냐에 따라 그 모습이 조금씩 다르다. 갈뫼루에서 낙동강을 바라보며 불현듯 궁금했다. 이곳에서 떠난 사람이 돌아오기를 기다리거나 떠나는 사람을 실은 뱃머리가 사라지는 걸 하염없이 바라보았을 옛사람들을 상상해 본다. 갈뫼루가 있는 곳은 행정상으로는 신평동에 해당한다. 옛 신평은 갈뫼시장을 중심으로 내륙과 바다를 잇는 나루터가 있었고 멀리 김천에서도 장을 보러 오던 곳이었다니 '새롭게 생긴 들'이라는 뜻을 담은 '신평'이라는 지명도 새삼 각별하게 다가왔다. 세부 지명으로 사기를 굽던 옹기굴이 있었다고 하여 '사기점' 또는 '나무터'로 불렸다는 것도 이곳의 풍경을 새롭게 둘러보게 한다.

갈뫼루를 중심으로 야트막한 언덕이 양쪽으로 갈라져 있다. 점심을 먹고 산책하는 사람들이 하나둘 보인다. 산책길은 완만한 곡선을 그리고 있어 말 잘 들어주는 언니처럼 보였다. 곡선을 타고 얕은 산언덕을 걷다 보면 뭉쳤던 마음이 직선으로 펴지리라. 앞서가려고 버둥거렸던 마음, 뒤처질까 조급했던 마음이 바람을 따라 살살 풀렸다. 갈뫼루에 불어오는 봄바람을 들숨으로 들이마셨다. 알싸한 바람이 마음에 노란 전구를 켜듯 환하게 번졌다.

신평 동화 벽화마을

신평 성당에서 보면 멀리서 신평중학교 간판이 빼꼼 얼굴을 내민다. 학교를 향해 걸어 올라가면 왼쪽으로 푸르미 공원이 있다. 여느 공원과 비슷한 벤치와 운동기구들이 있는 작은 공원인데 이 공원 옆으로 가면 도로 아래로 오래된 시멘트 계단이 나온다. 아이처럼 계단을 한 칸 한 칸 내려가 봤다. 계단 옆으로 낮은 집들이 있다. 빨간 고무 대야나 깨진 회색 플라스틱 화분 같은 곳에 파나 푸성귀를 심어 놓았다. 계단은 오랜 세월 흘러내리는 빗물을 무던히 받은 흔적을 그대로 몸에 새긴 듯 거무스름하다. 계단 곁에 놓인 작고 큰 화분들은 낡고 오래된 계단에 내미는 작은 선물처럼 보인다. 서로가 서로의 어깨에 기대며 살아가는 낮은 지붕과 오래된 계단, 화분에 심은 푸성귀를 보며 작지만 소박한 것을 생각한다. 신평중학교 방향으로 걸어 올라가니 얼굴만 빼꼼 내밀던 학교는 어깨를 활짝 열어 언덕을 오르는 사람을 맞이했다. 학교 앞까지 가면 꽤 넓은 골목길이 펼쳐진다. 신평중학교에서 신기초등학교 앞으로 이어지는 골목을 따라 걷다보면 동화 벽화마을을 만난다.

신평 동화 벽화마을은 통영의 동피랑처럼 벽화를 따라 올라가면 바다 풍경이 펼쳐지는 것도 아니고, 대구의 김광석 거리처럼 유명 인물을 내세운 것도 아니다. 동화를 테마로 한 벽

화라는 콘셉트도 유일무이하다거나 아주 특별하지 않다. 하지
만 신평 동화 벽화마을은 조금 남다른 의미가 있다. 1973년 구
미공단 조성 시 신부·낙계동에 살던 주민들이 이주해 온 신평
2동을 활력 있는 삶터로 조성하기 위해 LG의 임직원 봉사단과
마을 주민들이 함께 노력한 곳으로 1.6킬로미터 구간에 이르는
벽화 거리를 조성하기 위해 2019년부터 3년간 봉사한 사람들
이 누적 500여 명에 이른다고 한다. 플란다스의 개, 빨간 머리
앤, 키다리 아저씨 등 동화 속 주인공이 주 테마로 형성된 신평

벽화마을. 그런데 이 벽화에 그려진 동화의 공통점 몇 가지가 눈에 들어왔다. 한 가지는 네로, 앤, 주디는 모두 고아라는 점이고 또 한 가지는 이 아이들을 사랑하는 '어른들'이 나온다는 것이다.

갈뫼루가 멀리 굽어보이는 동화 골목을 걷다 보면 어른들에게는 희미해진 동심의 세계를, 아이들에게는 동화책 속 주인공을 만나는 반짝이는 순간을 선사할 것 같다. 마을이 조성된 지 50여 년 만에 재탄생한 공간이니 과거와 현재 그리고 미래의 나 자신과 만나게 되는 공간으로 거듭나길 바라본다. 그것이 곧 문학의 힘이자 이곳 벽화의 힘일 것이다.

넓은 길은 클랙슨을 울리며 차가 다니는 어른들의 길이라면 골목은 아이들의 길이다. 지금 우리에게 필요한 건 아이들의 길일지도 모른다. 어디로 뻗어나갈지 알 수 없는 것, 막다른 길인 듯 막막해지다가도 또 다른 길로 열려 있는 골목. 우리의 삶도 골목을 닮은 것 같다. 따스한 햇볕이 갈뫼 언덕에서 굴러 내려온다. 때마침 하얗게 핀 싸리꽃이 현실인 듯 환상인 듯 눈부시게 반짝인다.

신평에서 만난 사람: 스윗세븐어클락 김인경 씨

과거 신평은 산 밑의 작은 마을이었다. 1970년대 구미공단이

들어서면서 신부동(공단동의 옛지명)과 칠곡 북삼 낙계동 일대에 거주하던 원주민들이 달동네라 불리던 이곳 신평으로 소정의 보상금을 받고 이주했다. 삶의 터전이던 공단동에서 이곳 신평으로 국가 정책에 따라 옮겨온 것이다. 그렇게 원래 그곳에 살던 선주민과 새로 이주한 사람들이 모여 지금의 신평이 형성되었다.

이곳에 새롭게 정착한 사람을 만났다. 신평 성당 맞은편에 위치한 과일 카페 '스윗세븐이클락Sweet Seven O'clock'을 운영하는 김인경 씨. 산업디자인을 전공하고 13년간 출판사 편집 디자인 일을 하다가 부모님이 계신 구미로 와 함께 살게 되었다고 한다. 그녀에게 어떻게 신평동에 카페를 열게 되었냐, 물었다. "많은 곳을 알아봤어요. 그런데 여기 오니까 마음이 편안해지는 거예요. 동네가 조용하고 뭔가 따듯한 느낌이 들더라고요." 조용한 곳을 찾았다는 그녀에게 신평은 적합한 동네였다. 갈뫼루를 기준으로 비산동과는 행정구역상 바로 옆 동네지만 대단지 아파트가 밀집한 비산동과는 달리 좁은 골목 사이 작고 낮은 건물이 어깨를 나란히 하고 옹기종기 동네를 이루고 있기 때문이다.

이 카페가 특별한 공간으로 여겨지는 것은 '오래된 그릇' 때문이다. 실내장식 소품으로 가져다 놓았다고 하기엔 어딘가 남다른 안목이다. 그 가운데 부모님 세대가 쓰던 옛 찬기들을 정갈하게 포개 놓은 장식장은 하나의 예술품 전시장처럼 느껴

진다. 한때 우리의 밥상을 따듯하게 해 줬던 그릇들이지만 지금은 그릇장 깊숙이 뒤로 밀려나거나 아예 버려진 것들. 신평의 오래된 골목은 이 카페에 놓인 그릇처럼 누가 어떻게 놓느냐에 따라, 보느냐에 따라, 예술품도 되고 생활 쓰레기도 된다. 신평의 옛 지명이 '사기점'이었다는 걸 떠올리니 과거와 현재가 보이지 않는 끈으로 연결된 것 같다. 옹기를 구워 갈뫼시장에 내다 팔아 생계를 이어가던 옛사람과 낙동강 하구 양산이 고향인 김인경 씨가 신평으로 돌아와 오래된 그릇으로 꾸민 이 카페를 연 것이 우연만은 아닌 듯해서다. 우리가 화려하고 세련된 것들을 쫓아갈 때 신평은 자기 것을 소중히 여기며 다듬어 가고 있다는 느낌을 받았다.

김인경 씨의 카페는 신평 성당 맞은편에 자리 잡은 3층 건물이다. 오래 비어 있던 목공소 건물을 그녀가 새롭게 고쳐 지금의 과일 카페를 열었다고 한다. "부모님이 '농산물 도매시장 38'을 운영하시는데 그곳의 신선한 과일을 이용해 카페를 해 보면 좋겠다고 생각했어요." 다니던 직장을 그만두고 카페를 하겠다고 마음을 먹었을 때 지금까지는 잘하는 것을 했다면 이제부터는 좋아하는 걸 해 보자는 그런 마음이 들었다고 한다. 김인경 씨는 보통의 카페를 운영하는 사람과는 어딘가 다른 느낌을 준다. 정말 신평이라는 공간을 좋아한다는 느낌이랄까. "출판 편집 디자인 일을 오래 하면서 남의 책만 만들어 봤는데 제가 직접 책을 내고 싶다는 생각을 했어요. 여건이 된다면 신평을 알리는 책을 쓰고 싶었죠." 그녀는 신평이라는 동네에서 화가나 공예가들이 주변에 들어와 함께 공동 작업도 하고 요일을 돌아가며 강좌도 열고 싶다고 했다. 거기에 오래된 물건을 파는 벼룩시장 같은 것도 해보고 싶다는 바람을 덧붙인다. 서울 동묘의 벼룩시장처럼 진귀한 옛 물건들을 만나게 되는 신평시장을 상상해 본다. 오래된 물건에는 저마다 나름의 이야기가 숨겨져 있다. 그 물건들이 빛을 발하는 날이 오길 기대하며 골목과 담벼락을 따라 걸어 내려온다. 신평은 '어떻게' 놓이는가에 따라 달라질 수 있다. 신평은 우리가 귀 기울이면 숨겨뒀던 이야기를 들려줄 것만 같다. 햇빛의 호위를 받으며 신평 골목을 걸어 내려왔다.

7

전쟁터와 삶의 터전이
함께 해 온 장소

금방 잠에서 깬 낙동강을 보고 싶었다. 하늘은 금방이라도 투두둑 검은 구름을 뜯고 비를 쏟아낼 것 같았다. 주차장에 차를 세우고 낙동강을 더 가까이 보기 위해 강둑으로 걸어갔다. 강의 잔물결이 거대한 물고기 비늘처럼 번뜩이며 하류로 흘러가고 있었다. 강물은 같은 곳을 두 번 흐르지 않는다고 한다. 그러나 낙동강 물줄기를 바라보고 있자니 세상에 알려지지 않은 이야기가 수면 아래 깊이 숨어 있을 것만 같다. 강줄기는 역사의 상흔을 감추고 하류로 흐르고 있다.

비산진 나루터

강둑에는 비산 나루터 전투가 있었음을 알리는 표지판과 80년 대까지만 해도 공단동으로 출근하는 회사원과 등굣길 학생들을 수송했다는 나룻배만 덩그러니 놓여 있을 뿐이다. 칠이 벗겨진 배가 전쟁 포로처럼 정박해 있다. 강물을 가르던 한 쌍의 노는 가지런히 뱃전에 놓여 비산 나루터의 옛 모습을 떠올리게 한다. 강 가장자리로 군데군데 핀 노란 꽃창포가 바람에 흔들린다. 그 모습이 어쩐지 옛사람의 넋이라도 되는 듯해 눈길을 뗄 수 없다.

모든 역사적 장소가 그러하겠지만 한때의 영화로운 장소는 한때의 전쟁터가 되기도 하고 삶의 터전 위로 총소리가 난무하는 죽음의 장소가 되기도 한다. 이곳 비산 나루터에 형성된 갈뫼시장에서 부산 지역에서 올라온 수산물과 소금이, 내륙 지방에서 온 농산물이, 신평의 사기그릇이나 옹기와 거래되었다. 수심이 얕고 유속이 느린 곳에 위치한 나루터는 낙동강 하구에서 올라오는 상선들이 정박하기 좋았다. 같은 이유로 1950년 8월 5일, 강을 건너려는 사람과 막아서려는 군인 간의 전투가 있었다. 유속이 느리고 수심이 얕은 이 나루터가 북한군이 남하하기에 적당한 곳이었으리라. 8월이니 가만있어도 등으로 땀줄기가 흘러내렸을 테다. 오늘처럼 구름이 낮게 깔린 이른 아침, 북한

군의 공격이 있었다고 한다. 이날 하루 만에 아군이 북한군 병력 100명을 사살하고 10명을 포로로 잡았다니 얼마나 격렬한 전투였는지 짐작할 수 있다. 그날 이곳은 죽고 죽이는 그야말로 피의 낙동강, 전쟁의 소용돌이가 휘몰아치던 곳이다. 강물을 내려다보는데 복잡한 마음이 겹쳤다. 비산진 전투는 그렇게 우리 역사에 남았고 낙동강은 전쟁의 상흔을 간직한 채 지금도 유유히 흐른다.

비산 나루터에서 눈길을 사로잡는 또 하나는 등나무다. 얼마나 되었을까? 허공을 타고 전봇대까지 달려 나온 줄기가 휘어질 듯 휘어지지 않고 이어진다. 굵은 줄기들이 뒤엉킨 등나무만이 그곳의 전투를 말없이 증언하고 있다. 회색 구름이 금방이라도 쏟아질 듯 낮게 내려와 앉는다. 구미 사람들에게 이곳은 6.25 전쟁의 격전지로도, 민물매운탕이 유명하던 곳으로도 잘 알려진 곳이니 전쟁터와 삶의 터전이 함께 그려지는 장소인 듯해 아이러니하다.

낙동강 체육공원 캠핑장

2017년에 완공한 낙동강 체육공원은 낙동제방길 아래 2만여 평 규모로 조성한 체육복합시설이다. 이곳의 사계절은 낙동강과 함께 어울려 갈 때마다 조금씩 다른 얼굴을 보여 준다. 구미

시내와도 가깝고 비산, 신평, 지산, 고아, 양포동이 멀지 않은 곳에 있어 편리하게 이용할 수 있다. 그야말로 구미 최대의 체육공원인 셈인데 오른편으로는 낙동강이 흐르고 있어 그 정취를 즐기며 지친 일상을 내려놓고 캠핑을 하거나 축구, 야구 등 다양한 체육 활동을 할 수 있다는 것이 최대 장점이다. 사무실, 매점, 화장실, 샤워장 등 부대시설을 갖춘 대규모 캠핑장도 갖추고 있다.

낙동강 체육공원 구미캠핑장은 구미시설공단 홈페이지를 통해 카라반, 오토캠핑, 일반캠핑, 평상 등 시설별로 예약이 가능하다. 체육공원 옆 카라반은 언제나 예약이 꽉 찬다. 밤이 되면 빛나는 전구를 달아 분위기를 내는 텐트도 보이고 모닥불 가에 모여 캔 맥주를 즐기는 사람들도 보인다. 밤의 카라반은 소인국처럼 다정하고 정겹다. 유심히 보니 또래 친구들 모임도 보이고 부모님을 모시고 생일파티를 하는지 케이크를 두고 손뼉을 치며 노래 부르는 가족 모임도 보인다. 우리의 삶은 이런 사소한 하루의 일들이 모여 일주일, 한 달, 일 년이 된다. 카라반 앞 테이블에 밤새 쌓인 이야기의 흔적처럼 타다만 장작과 빈 맥주 캔이 보이는 것도 어쩐지 정겹다. 이른 아침부터 카라반 앞으로 팔을 앞뒤로 저으며 운동하는 사람들도 지나간다.

사람은 혼자서는 살아갈 수 없다. 사람에 치이고 실망하고 속상할 때도 있지만 사람에게 위로 받으며 살아간다. 인디언들

은 밤이면 모닥불을 피워 놓고 영혼이 잘 따라올 수 있도록 기다린다고 한다. 바쁘게 달리다 미처 따라오지 못한 영혼을 위해 카라반에서 하룻밤 묵어가면 어떨까. 달빛에 기대고 별빛에 기대고 사람들의 눈빛에 기대면서 말이다.

자전거로 달리는 낙동강

체육공원 내에 자전거 대여소가 마련되어 있다. 자전거 대여소와 가까운 4주차장에 자전거를 빌리려는 사람들로 줄이 길게 늘어서 있다. 신분증만 있으면 자전거를 무료로 빌릴 수 있는데 주말에는 1시간, 평일에는 2시간까지 대여가 가능하다. 성인용은 물론이고 따로 여성용까지 다양하게 자전거가 갖추어져 있어 세심함이 느껴진다. 둘이서 탈 수 있는 2인용 자전거가 특히 인기가 좋다고 한다. 그 외에도 산악자전거, 유아를 위한 트레일러까지 200여 대의 다양한 자전거가 시민들을 기다리고 있다. 자전거를 타고 낙동강 상류 쪽으로는 흑두루미 공원까지 약 2.5킬로미터를, 아래로는 보트 계류장까지 달릴 수 있다. 자전거를 타고 낙동강을 따라 달릴 수 있는 이곳의 사계절은 각양각색의 풍경을 보여 준다. 계절에 따라 금계국이며 해바라기, 핑크뮬리, 그리고 튤립까지 계절별 꽃을 볼 수 있으며, 가을이면 갈대밭 사이를 달릴 수 있다. 계절에 상관없이 언제 와도 좋다는 뜻이다.

자전거를 타기 위해 길게 줄지어 선 가족이나 연인들에서 어딘가 모를 설렘이 느껴진다. 그 줄에 합류해 신분증을 내고 적당한 자전거를 골라 본다. 연인들이 2인용 자전거를 타고 서로 박자에 맞춰 페달을 밟고 나가는 모습은 영화의 한 장면 같다. 자전거의 매력은 두 발로 페달을 밟고 앞으로 나아갈 때 중심을 잡으려고 삐뚤삐뚤하다 조금씩 중심을 잡으며 바람을 가르고 앞으로 나아가는 데 있는 것 같다. 연인들이 서로 박자를 맞춰 페달을 밟으며 내 앞으로 지나쳐 간다. 아빠와 아이가 함께 탄 자전거도 보인다. 아빠가 아이에게 자전거 타는 법을 알

려주고 있다. 가족이 각자 자신에 맞는 자전거를 타고 앞서거나 뒤따르며 페달을 밟는 모습은 보는 것만으로 즐겁다.

여러 개로 갈라진 자전거 길은 어디로 꼭 가야 한다는 다짐 없이 바퀴가 굴러가는 데로 가면 된다. 길과 길은 이어져 있어 어디로 가든 연결되어 있기 마련이다. 자전거 핸들을 흑두루미 공원 방향으로 향했다. 왼쪽으로 버드나무와 무성한 풀이 자연 군락지를 이루고 있었다. 낙동강 가까이 이어진 길로 꺾었다. 잘 다듬어진 길은 아니었지만 충분히 자전거로 갈 수 있는 낙동강, 강변 기슭 가까이 자전거를 세우고 강바람을 맞는다. 가슴

속으로 시원한 바람이 밀려왔다.

도심 가까이 자전거 대여소가 있다는 것은 시민의 한 사람으로 여간 반가운 일이 아닐 수 없다. 주말에는 600~700회 대여가 된다고 하니 시민들이 이곳을 얼마나 많이 찾는지 알 수 있다. 자전거를 타고 달리다 보니 크고 작은 쉼터가 있다. 핸드폰으로 핑크뮬리를 찍는 사람들, 사진을 찍으며 즐기는 연인들을 바라보며 페달을 힘껏 굴린다. 갈대들이 바람을 따라 일렬로 흔들렸다가 다시 제자리로 돌아온다. 낙동강 체육공원은 언제와도 좋은 곳이지만, 가을에는 특히 갈대밭이 낙동강과 어우러져 아름다운 한 폭 풍경화가 된다.

8

근현대사
격동의 중심지

역사는 기억의 학문으로 과거에 일어난 사건을 오늘의 관점에서 새롭게 읽어내고 미래를 열어가는 데 힘을 실어 준다. 구미에 3대에 걸친 독립운동가가 배출된 배경에는 야은 길재에서 비롯된 실학적 학풍, 도학과 의리를 중요시하는 학풍이라는 큰 흐름이 유유히 흐르고 있는 것이 아닐까. 개인의 출세보다 학문을 정진해 도를 깨치고 백성을 위해 실천하는 의로운 행동은 분명 우리의 자부심이 될 만하다.

왕산 허위 선생 기념관

3대에 걸쳐 독립운동을 한 집안이 구미에 있다는 걸 아는 사람이 얼마나 될까. 개인적으로는 임오동 산 중턱에 왕산 허위 기념관이 있다는 것도 얼마 전에 알았다. 어째서 구미에 살면서 왕산 허위에 대해서 이토록 잘 몰랐던 것일까. 왕산 허위의 업적이 적지 않음에도 말이다.

허위는 1855년 구미시 임은동에서 태어났다. 본관은 김해이고 호는 왕산. 한말韓末 일제의 침략에 대항하여 의병을 일으킨 의병장이며 13도 창의군에서 창의대장을 맡았던 인물이다. 왕산 기념관은 2009년에 지었고, 김천에 있던 허위의 묘를 이곳 구미로 옮겨 온 것은 2012년이니 역사가 오래된 곳은 아니다. 허위는 선산 대지주이자 한학자 집안의 아들로 태어났다. 일제강점기라는 역사적 암흑기에 많은 지주가 자신의 안위를 위해 친일을 일삼았지만, 왕산 허위의 집안은 재산을 모두 정리해 3대에 걸쳐 독립운동에 헌신했다. 특히 허위는 대표적인 독립운동가 우당 이회영과 함께 활동했으며 그 공적이 적지 않았다. 하지만 그는 역사에서는 저평가되어 왔는데, 아마도 3대에 걸친 독립운동으로 국내에 후손이 거의 남아 있지 않은 점이 한몫했을 것이라 짐작한다. 구미시는 왕산 기념 사업회 설립을 비롯해 유허비와 사당을 정비하고 기념관을 지어 탑을 쌓아올리

듯 차근차근 그의 숭고한 희생정신을 알리는 데 힘쓰고 있다.

산 중턱에 있는 기념관에 올라보면 임오동이 한눈에 보인다. 임오체육공원의 데크를 따라 산책하는 사람들의 모습이 평화롭다. 기념관에 들어가니 가장 먼저 왕산 허위의 흉상이 눈에 띈다. 독립운동가라고 해서 투사의 모습을 상상했는데 갓을 쓴 모습이라니 적잖이 놀랐다. 허위는 유학자로서의 깨달음을 독립운동이라는 행동으로 실천했던 분이다. 휘몰아치는 광풍의 한말, 외세의 침략으로 국운은 기울고 일제의 탄압은 갈수록 심해질 무렵 허위는 김천에서 의병을 일으켜 일본군과 접전을 벌이는 데 앞장섰으며 그 후 서울 진격 작전을 펼쳤으나 실패하고 체포되었다. 역사는 그를 서대문 형무소에서 순국한 제1호 독립운동가로 기억한다. 거기에 더해 구미 지역에 유구히 흐르는 유학의 학풍을 독립운동이라는 실천적인 구국의 자세로 이어 진정한 유학자로서의 면모를 보여준 인물이라는 것도 자랑으로 여길 만하다.

그의 인물됨은 허위를 가르친 허훈이 거의 20년 아래 아우인 그를 "유교의 학문에서는 내가 아우에게 양보할 것이 없지만, 포부와 경륜에서는 내가 아우에 미치지 못한다"라며 극찬한 것에서 알 수 있다. 허위의 인물됨을 알 수 있는 말인데, 학문의 가르침에 따라 '행동하는' 자세에 대한 극찬이다. 학문이 아무리 높다 해도 실천하지 않는 학문은 형이상학에 불과하다.

안중근은 허위를 "우리 이천만 동포에게 허위와 같은 진충갈력盡忠竭力 용맹의 기상이 있었던들 오늘과 같은 국욕國辱을 당하지 않았을 것이다. 본시 고관이란 제 몸만 알고 나라는 모르는 법이지만, 허위는 그렇지 않았다. 따라서 허위는 관계官界 제일의 충신이라 할 것이다"라고 그를 평가했다. 허위에 대한 기록은 황현의《매천야록》에도 자세히 기술되어 있다.

허위로 하여금 비서승을 삼으니 위는 경상도 선산 사람이다. 그는 기상이 헌헌하고 거리낌이 없어 고담준론을 좋아하고, 스스로 천하를 경륜할 역량을 믿고 있었다. 10년 동안 서울에 와 있었으나 권문세가들을 조금도 상대하지 않고 항상 한적한 여관에서 검소한 생활을 하고 있었다. 영남의 관로에 오른 사람들이 지모 있는 선비로 추대하더니 대대의 임금의 은총이 날로 높아져 1년이 채 못 되어 뛰어 참찬에 이르러 임금께서 직을 하사하여 살도록 했다.

― 황현,《매천야록》중에서

대구 달성공원에 순국기념비가 있고, 서울 청량리에서 동대문까지의 길을 '왕산로'라고 명명해 그를 기념하고 있다. 1962년 건국훈장 대한민국장이 추서되었다. 허위와 그 형제들은 한결같이 의병운동과 독립운동의 일선에서 활약하다가 순국하여 이 3형제의 행적이 우리나라 근대사에서 찬란하게 빛나니임은 허씨 문중은 영남에서뿐만 아니라 전국적으로 널리 그 명성이 알려지게 되었다.

대구권 광역철도 사곡역

사곡역은 경부선의 기차역으로 구미역과 약목역 사이에 있다. 사곡역은 무배치간이역(역무원이 없는 간이역)이었는데 1965년 처음 역이 생길 당시는 배치간이역(역무원이 있는 간이역)이었다. 이곳에 역이 생긴 배경에는 박정희 전 대통령의 생가가 있기 때문이라고 한다. 사곡역에서 박정희 전 대통령 생가까지는 약 1.5킬로미터 정도 떨어져 있다. 옛 간이역인 사곡역은 역사 속으로 사라지고 2023년 대구권 광역권 철도 개통을 앞두고 지상 4층 규모로 새 역사를 짓고 있다.

구미에서 대구를 거쳐 경산에 이르는 61.85킬로미터의 대구권 광역철도가 2023년에 개통하면 구미국가산업단지 입주업체의 경쟁력이 강화되고 대도시권 교육 및 문화 시설 접근성이 향상될 것으로 전망하고 있다. 또한 대구, 경산에서 구미를 더 많이 찾을 수 있는 계기도 될 것이다. 가까이는 왕산 허위 기념관, 새마을 테마공원, 금오산, 금리단길, 삼일문고로 이어지는 역사와 문화의 도시 구미를 널리 알리는 기회도 마련된다.

박정희 생가

박정희 전 대통령 생가터를 찾았다. 보릿고개 체험장을 지나 박정희 대통령 추모관을 지나면 생가터가 있다. 옛 모습 그대로는 아니지만, 그가 어린 시절을 지내던 당시의 환경을 짐작할 수 있는 초가집과 농기구들을 볼 수 있다. 이 집은 박정희 대통령이 1917년 태어나 1937년 대구사범대학교를 졸업할 때까지 살았던 집으로 구미에서 빼놓을 수 없는 명소 가운데 한 곳이다. 이곳에는 여러 부대시설이 갖춰져 볼거리가 많지만 개인적으로는 생가터 옆 감나무가 특히 눈에 띄었다. 그가 1929년경 어머니와 함께 심었다는데 감나무에 얽힌 유년의 추억과 애정이 남달랐는지 대통령이 된 뒤에도 이곳에 오면 관리인에게 감나무가 잘 자라도록 특별히 당부했다고 한다. 주렁주렁 감이 꽤 많이 열리는 나무였다는데 이제는 15촉 전구만 한 작은 감 몇 개만 열린단다. 6·25 전쟁 때 나무의 일부가 타서 불에 그을린 모양 그대로 지금껏 이 자리를 지키고 있다. 감나무 옆에는 배롱나무 한 그루가 돌로 쌓은 우물을 내려다보고 있다. 돌 틈 사이 이끼 낀 우물의 모습이 역사의 흥망성쇠를 기억하듯 이곳에 남아 깊은 정취와 함께 울림을 준다.

박정희 대통령 역사자료관

박정희 대통령 역사자료관은 2021년에 문을 열었다. 생가에서 역사자료관으로 길게 이어지는 벽에 박정희 대통령이 남긴 경제 발전 현장 사진이 이어진다. 헬기를 타고 금오산과 고향을 내려다보며 그가 지었다는 글귀가 눈에 들어왔다. 이곳을 찾은 날은 감나무에 감이 제법 익어가는 가을날로 산책 나온 사람들이 많았다. 구미의 발전을 엿볼 수 있는 역사자료관뿐만 아니라 분수와 생태 수로가 잘 조성되어 있어 시민들의 휴식 공간으로 안성맞춤이다. 무궁화 공원에는 무궁화가 가득 피어 분위기를 한껏 고조시켰다. 군데군데 아이들 놀이터와 벤치가 있어 어디에 앉아도 좋을 듯싶다.

1층 카페의 창가 테이블에 앉아 밖을 보니 무궁화 공원이 환하게 시야로 들어왔다. 나무 계단을 걸어 2층으로 가면 농경 사회부터 휴대폰, 반도체 사회로 변모해 온 모습을 미디어아트로 감상할 수 있다. 박정희 대통령 파독 광부 연설문이나 베트남 파병과 같은 역사적 사건을 한눈에 살펴볼 수 있는 기념관이다. 구미에 동양 최대 규모로 설립했던 금오공업고등학교 개교 모습이나 전자, 반도체 등을 생산하는 제2 공업단지의 첫 삽을 뜨던 모습을 보니 감회가 새로웠다. 전시관 내부에는 박정희 대통령이 생전에 쓰던 물건이나 최초의 포니 자동차가 전시되어

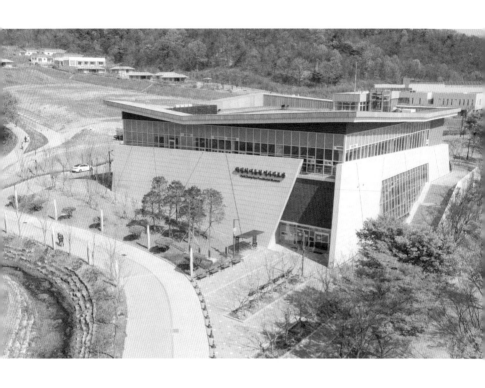

있어 보는 재미가 있다. 3층에는 구미의 발전 모습을 살펴볼 수
있는 사진이 전시되어 있다.

새마을 테마공원

길게 이어진 벚나무 터널을 지나면 박정희 대통령 동상이 그 모
습을 드러내고 그 뒤로 새마을 테마공원이 펼쳐진다. 새마을 운
동 당시의 모습이 재현되어 있어 학습자료로도 활용된다. 우리
의 앞세대가 이룬 노고의 과정이 고스란히 남아 있는 새마을 테

마공원에는 북카페와 어린이 실내 놀이 시설도 갖추고 있어 가족 단위 방문객이 많다고 한다. 역사적 평가가 분분하지만 지금의 70~80대에게 박정희 대통령은 보릿고개를 없애고 잘 살고 부강한 나라로 이끈 지도자라는 향수가 있다. 경제개발이라는 그의 대표적 성과에는 새마을 운동을 통해 구미 발전을 이룬 시민들의 희생도 분명히 들어 있다. 그래서인지 이곳 새마을 테마공원에 오면 곤궁했지만 성실했던 부모 세대의 삶이 자연스레 겹쳐진다.

구미에 사는 사람들이 오히려 더 지나치기 쉬운 곳이 이곳 새마을 테마공원이 아닐까? 2023년 대구광역철도가 이곳 사곡역에 개통하면 구미 시민은 물론이고 우리 지역을 찾는 사람들도 많아질 테니 박정희 대통령 역사자료관으로 발걸음하는 사람들도 많아지지 않을까 기대해 본다. 이곳을 찾는 사람들이 느끼는 것은 저마다 다를 것이다. 분명한 것은 오늘날 우리가 누리는 자유와 평화는 어느 한 사람만의 노력으로 이뤄진 것은 아니라는 것이다. 만리장성을 쌓은 것이 진시황이 아니라 진나라 민초들이었던 것처럼 말이다. 결국 역사의 수레바퀴는 민중의 힘으로 굴러간다는 생각을 떠올리며 역사 자료관을 찬찬히 둘러보았다. 이런 여러 가지 생각을 짚어보게 하는 데 이 역사 자료관의 의의가 있다는 생각을 더불어 한다.

장택상 생가와 카페 화담

왕산로를 따라 남구미 IC 방향으로 가다 보면 지주중류길이 나온다. 고려 말, 조선 초의 성리학자 야은 길재 묘소와 조선 중기의 학자인 장현광의 묘소가 바로 이곳에 있다. 묘소를 지나 동네 안쪽으로 들어가면 광복 이후 초대 외무부 장관, 제3대 국무총리를 역임한 장택상의 생가가 있다. 선조는 조선 중기의 사림과 학자인 여헌 장현광으로 그의 할아버지 장성룡은 정2품 공조판서, 아버지 장승원은 경상북도 관찰사를 지내는 등 내로라하는 문벌 가문에서 태어났다. 장택상은 해방과 전쟁이라는 우리나라 근대화의 격동기에 주요 관직을 두루 거쳤지만, 독립운동가와 친일파로 나뉘지는 평가에서 자유롭지 못한 채 이곳에 생가를 남기고 역사 속으로 사라졌다.

이곳 생가터는 '화담'이라는 카페로 변모해 그 명맥을 이어가고 있다. 이전에는 고깃집이었는데 상견례 명소로 이용될 만큼 명당자리라고 한다. 지금도 풍수지리를 연구하는 사람들이 단체로 이곳을 찾는다고 하며 풍수지리상 우리나라의 명당 열 곳 중 한 곳으로 꼽힌다고 한다. 카페는 예전 장택상 생가의 모습을 거의 보존해 영업을 하고 있다. 역사적 인물의 생가라는 문화재로서의 가치가 있음에도 문화재로 등록되지 못한 것이 안타까웠다. 대지주의 면모가 집안 곳곳에서 느껴졌는데 특히

마루와 서까래, 기둥은 200년 전 그대로의 모습을 하고 있다. 남구미 IC와 가깝다 보니 구미 지역뿐만 아니라 대구, 경산에서까지 찾아오는 사람들이 많다고 한다. 카페를 운영하는 대표는 이곳이 장택상 생가터라는 것을 알리는 설명과 역사적 사료를 모아 전시실과 체험 공간을 둘 것을 기획하고 있다고 한다. 임오·상모동은 우리 근대사를 가로지른 걸출한 인물을 많이 배출한 곳이다. 야은 길재에서 여헌 장현광으로 이어진 유학적 인문학의 뿌리는 갑오농민전쟁과 3·1만세 운동으로 이어졌고 왕산 허위의 의병 활동에 이어 독립운동으로까지 이어졌다. 대한민국 근대화를 이끈 박정희 대통령을 비롯해 초대 국무총리 장택상 등 역사의 큰 줄기로 이어지는 구미! 역동적인 구미의 뿌리를 임오·상모 지역에서 찾을 수 있다.

153

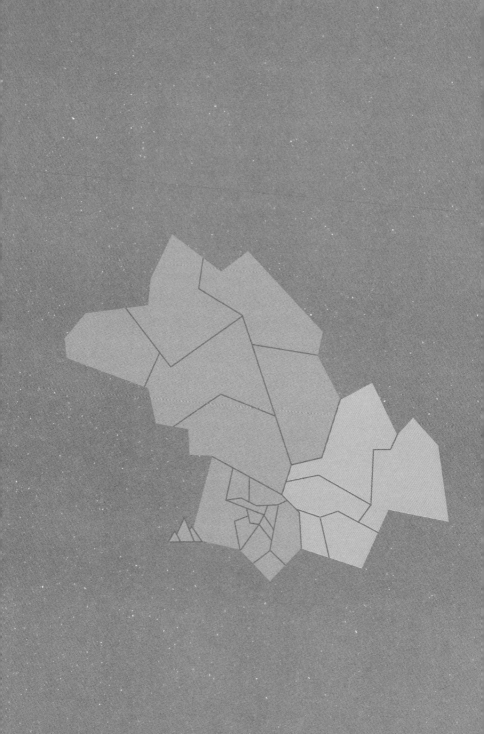

3 장

강동 지역

1

산업과 고대문화가
어우러지다

낙동강을 기준으로 동쪽, 서쪽으로 천생산을 끼고 있는 인동동은 '어질고仁, 의로운義 이웃이 한마음同으로 화합하며 살아가는 동네'라는 의미로, 구미 강동의 중심지이다. 지금은 인의동, 임수동, 진평동, 구평동 등을 아울러 부르고 있다. 조선 선조 때는 도호부가 위치했고 고종 때는 인동군이라는 지명으로 불리며 특히 서원과 향교가 모두 위치해 상당히 발달한 큰 지역이었음을 알 수 있다.

옥계는 한천의 물이 맑고, 조약돌이 구슬처럼 깨끗하고 아름답다고 하여 붙여진 이름이다. 옥계와 인동을 잇는 도로에 위치한 옥계교 아래 울창하게 핀 갯버들 사이로 흐르는 하천이 바

로 한천이다. 옥계에는 국가 산업 4단지와 5단지가 조성되어 있다. 특히 산동면은 하이테크밸리인 5공단이 들어서면서 구미 산업의 중심지로 떠올랐고, 최근엔 인구가 크게 증가해 면으로 승격되기도 했다.

인동과 옥계 지역은 넓게 자리한 공장 때문에 산업단지로 만 보이기 쉽지만, 자세히 들여다보면 다양한 역사와 문화적 요소를 발견할 수 있다. 구미 지역 고대 소국의 형성과 발전을 알 수 있는 고분군, 유교 문화의 뿌리였던 서원과 향교, 임진왜란 당시 활동했던 의병, 3·1운동의 기록과 흔적 등 구미의 강동 지역은 넓은 산업 단지과 더불어 깊은 역사 이야기를 담고 있다.

인동입석

한때 어딘가 이름을 새겨 놓는 일이 몹시 의아하게 느껴질 때가
있었다. 예나 지금이나 사람들은 왜 큰 바위 같은 곳에 무언가
새겨 놓으려 하는 걸까. 왜 벽에 자신과 연인의 이름을 하트로
이어 붙여 적어 놓는 걸까. 시간이 흐르고 나면 글씨를 남긴 사
람조차 묘연할 텐데 굳이 흔적을 남겨 놓는 일이 의아했다. 그
러던 어느 날, 한 TV 예능 프로그램에서 관람차에 남겨진 낙서
나 바위에 새겨진 글을 두고 김영하 작가가 말했다. "사랑도 불
안정하고 자아도 불안정하잖아요. 불안정하니까 안정돼 보이는
곳에 새기는 거죠."

　우주나 지구 차원의 시간에서는 바위도 영원한 것이라 이
야기할 수 없지만, 한 인간의 생生보다는 길고 굳건할 테니 그것
이 안정된 곳이라 믿고 그곳에 새겨 놓는다는 것이 그럴듯해 보
였다. 그 말이 꽤 인상 깊게 남은 그날부터 사람들이 어딘가 남
겨 놓은 흔적을 보면 자꾸만 들여다보게 된다. 그들이 가진 불
안정한 것은 무엇이고 잊지 않고 오래 기억하고 싶은 것은 무엇
일까 궁금해서 말이다.

　신라 시대 진평왕이 사냥하러 왔다가 머물렀다고 하여 이

름 붙여진 진평동에는 글자를 새겨 놓은 커다란 바위 두 기가 있다. 바위를 길게 다듬어 세워 두는 것을 입석이라고 하는데, 고인돌과 같은 큰돌 문화의 일종이다. 선사 시대에는 고인돌 주변에 이런 입석을 세워 신성한 구역을 표시하기도 했다. 진평동의 '인동입석'은 마을의 경계를 표시하기 위해 세운 바위였다.

옛날 인동현의 고을 관아가 설치될 무렵 한 풍수가 "동쪽의 산이 고개를 내밀고 언제든지 인동 고을을 집어삼킬 듯해 도둑이 남의 집을 훔쳐보듯이 무엇을 훔치려고 넘어다보고 있는 형상이니 여기에다 고을을 정하면 오래가지 못한다"고 했다. 이 이야기를 전해 들은 고을 사또가 어떻게 해야 할지 묻자 그 도둑을 잡아야 하는데 그러려면 고을 입구 세 곳에 세 개의 바위를 세우는 수밖에 없다고 했다. 이후 마을의 입구에는 세 개의 바위가 세워졌고 사람들은 그 바위를 '세울 바위'라고 불렀다.

인동입석에 전해 오는 이 이야기대로라면 인동입석은 3기가 있어야겠지만 지금은 2기만이 남아 인동의 입구를 지키고 있다. 그 일대에는 인동입석과 함께 꽤 많은 고인돌이 있었을 것으로 추정되는데 지금은 주요한 고인돌 몇 기만이 영남대 박물관으로 옮겨 보관되어 있고 나머지는 깨버렸다고 한다. 남아 있는 두 개의 입석 중 앞에서 보아 왼쪽이 풍수의 조언에 따라 '도둑을 잡는 바위'라는 뜻을 새긴 출포암出捕岩이다. 일제강점기에 일본의 연호인 '대정'을 넣어 '대정기념비大正紀念碑'라 새겼던 것을 해방된 후 '대한민국 건국 기념'으로 고쳐 새로 새겼다고 한다.

앞에서 보아 오른쪽에 있는 입석은 괘혜암掛鞋岩이다. 괘혜암은 걸 괘掛, 짚신 혜鞋 자를 써 '신을 걸어 둔 바위'라는 뜻이다. 그 이름이 붙여진 연유 또한 설화로 전한다.

조선 선조 때 이등림이라는 사람이 인동 현감으로 와 고을을 다스리다 도임한 해인 12월에 다른 곳으로 떠나게 되었다. 뒤따라오던 여비가 짚신을 가지고 있는 것을 본 이등림이 어디서 난 짚신인가를 묻자, 자신이 맨발로 뒤따라가는 것을 본 아전이 짚신 한 켤레를 주었다고 대답했다. 그 대답을 들은 이등림이 탐탁지 않게 여기며 말하기를 "그 짚신 또한 관물이니 사사로이 써서는 안 된다. 이 바위에 걸어두고 가라" 하고 명을 내려 여비는 짚신을 바위 위에 걸어두고 떠났다. 신을 걸었다 하여 이 바위를 '신걸이 바위'라 부르게 되었다.

이등림의 청렴결백함 때문에 비록 여비는 겨울 땅의 혹독함을 맨발로 느끼며 걸어가야 했지만 백성들의 마음에는 짚신 한 짝도 그냥 받지 않는 이등림의 청렴결백함이 더 감명 깊었던 모양이다. 백성들은 그의 청렴결백함을 칭송하며 그 바위에 신을 걸어 둔 바위라는 뜻으로 '괘혜암'이라 이름을 새겨 놓았다. 그 덕분에 이등림이 인동을 떠난 뒤에도 인동에는 풍년이 들고 어진 원님이 선정을 베풀어 백성들이 행복하게 살았다는 이야기가 덧붙여 전해지는데, 인동 현감을 역임하고 후에 공조 좌랑까지 지내는 내내 청렴의 상징이었던 이등림에 대한 백성의 신뢰와 애정이 얼마나 깊었는지 짐작할 수 있는 부분이다.

이 2기의 입석에 남아 있는 것은 마을의 평안을 염원했던 고을 수령의 마음과 청렴결백했던 공직자의 마음이 오래 기억되고 또 이어지길 바랐던 마을 사람들의 마음이다.

황상동 마애여래입상

"아는 만큼 보인다."

유홍준 교수가 그의 저서 《나의 문화유산 답사기》 머리말에서 한 말이다. 구미의 곳곳을 알아보려 달려드니 자주 지나다니던 길에서도 전혀 보지 못했던 것들이 속속들이 존재감을 과시하니 더 각별히 다가오는 말이다.

옥계에서 인동을 오가는 길에 꼭 넘어야 하는 고개가 하나

있다. 좌우로 공장이 줄지어 있는 짧은 고갯길인데, 그 길은 옥계에서 인동을 오갈 수 있는 유일한 일반 도로라 꽤 많은 이가 익숙하게 여기는 길이다. 멍하니 버스 창밖으로 바라보던 그 길에 마애여래입상이 있다는 걸 한창 구미 곳곳의 역사를 찾아보다 알게 되었다. 몰라서 미처 보지 못했던 존재를 확인하러 가는 길에 또 한 번 아는 만큼 보인다는 그 말을 실감했다.

구미 황상동 마애여래입상은 거대한 자연 암벽의 평평한 한 면을 조각해 만든 불상으로 그 크기가 압도적이다. 즐비해 있는 공장 건물에도 다 가려지지 않아서 차를 타고 지나갈 때도 건물 사이사이 작은 틈으로 그 존재감을 확인할 수 있는데도 그동안 못 본 것이 놀랍다. '보물 제1122호 구미 황상동 마애여래입상 가는 길'이라고 선명히 적힌 표지판이 친절히 길을 안내해 주있다.

표지판의 화살표를 따라 공장 사이를 가로지르면 마애여래입상보다 먼저 마애사가 나온다. 마애여래입상이 워낙 커서 그 아래 마애사의 법당과 돌계단이 한층 더 아담해 보였다. 높이 7.2미터의 마애여래입상은 그 크기 자체로 웅장한 분위기를 자아낸다. 공장이 모여 있는 삭막한 이 지역의 아담한 사찰이라는 묘한 이질감이 이 공간에 흥미를 더한다. 이 마애여래입상에는 전해 내려오는 전설이 있다.

백제군에게 쫓기던 당나라 장수가 어느 여인의 도움으로 이 바위 뒤에 숨어 목숨을 구했다. 여인의 도움으로 목숨을 구한 장수가 뒷날 여인을 찾았지만 도움을 주었던 여인은 온데간데없이 사라졌다. 도움을 주고 홀연히 사라진 그 여인을 부처님이라고 생각한 장수가 이 바위에 불상을 조각해 은덕을 기렸다.

그 여인에게는 백제군에게 쫓기던 당나라 장수가 적군이었을 텐데 그럼에도 불구하고 그를 도와주었으니 장수로서는 그 여인이 부처님이라 생각될 만큼 은혜로운 일이었겠다. 불상의 거대한 크기가 마치 장수가 그 여인에게 느꼈을 고마움의 크기처럼 여겨졌다.

1992년에 마애여래입상이 국가지정 문화재 보물 제1122호로 지정되던 때만 해도 전문가들은 불상 머리 위 갓의 형태를 토대로 고려 시대 초기에 제작된 불상으로 추정했다. 실제 제작 시기와 전설의 시기가 맞지 않아 하마터면 전설이 거짓이 될 뻔했지만 2020년 7월, 마애여래입상 주변에서 통일신라 시대의 것으로 추정되는 빗살무늬 기와가 출토되면서 전설은 다시 신빙성을 얻었다.

마애여래입상이 위치한 황상동 일대는 문화재 보호구역으로 지정되어 있음에도 2공단 내의 공단 부지와 불과 300미터

거리이다. 공장과 도로의 소음과 진동이 문화재의 균열을 야기한다고 문제가 제기될 정도로 가까운 거리다. 마애여래입상이 보물로 지정되기 이전에 산업단지가 들어섰기 때문인데, 경제개발과 산업화에 치중하느라 문화재 보호에 소홀했던 탓이다. 마애여래입상은 지금도 균열이 진행되고 있어 많은 우려를 낳는다.

"아는 만큼 보인다"는 말은 알아야 그 모습을 볼 수 있다는 말인 것 같다. 늘 오가던 길에서도 한 번도 보지 못했던 마애여래입상을 이제 알고 나니 그 길을 지날 때마다 저절로 그 모습이 보인다. 멈춰서 가만히 들여다보니 그 자리에서 흘렀을 천년의 역사를 어렴풋하게라도 짐작해 보게 되고, 국가산업단지와 문화재 보호구역이 공존하고 있는 현실도 알게 되고, 경제논리에 밀려 제대로 보호받지 못한 이 국보급 문화재가 균열이 가는 등 수난을 당하고 있다는 것도 알게 되었다. 1천 년이 넘도록 그 자리에 서서 인자한 미소로 우리를 지켜봐 준 마애여래입상을 이제는 우리가 지켜봐 줄 차례가 아닌가 싶다.

장현광 선생과 동락서원

우주를 향한 인간의 호기심은 오랫동안 이어져 왔다. 과거 별자리에 대한 관심부터 현재의 누리호 발사까지, 지구를 넘어선 우주에 관한 연구와 노력은 언제나 인간에게 흥미로운 주제다. 지금으로부터 약 400년 전의 조선 시대에도 우주를 연구했던 학자가 있었다. 인조가 "500년마다 한 분씩 나타나는 성현"이라고 제문을 내렸던 여헌 장현광이다.

여헌 장현광은 17세기 조선 후기의 대표적인 성리학자로 인정받는다. 유학의 전통을 단순히 계승하고 편집하는 것에서 벗어나 독자적인 면모를 갖추었던 성리학자이자 과학 사상가였다. 여헌 장현광의 학문적 성과가 높게 평가받는 이유는 퇴계 이황, 남명 조식, 한강 정구 등의 선현들의 가르침에 머무르지 않고 그들의 가르침을 모두 아우르면서 자신만의 학문 체계를 만들어 나갔다는 데 있다. 조선 시대의 정치 이념인 성리학 연구뿐만 아니라 우주의 질서 속에서 인간이 지닌 가치와 도리를 이끌어 내는 역학에 뛰어난 학자로도 기록되어 있다.

구미 임수동 구미대교 근처에 장현광 선생과 그의 학문을 기리는 여헌기념관이 있다. 여헌기념관 입구에는 장현광 선생의 동상이 그곳을 찾는 이들을 반긴다. 무수히 많은 세월이 흘렀지만 그가 남긴 업적은 인동 향교와 마주 서 있는 여헌기념관처럼 우뚝 서 있다. 이곳에는 장현광 선생의 저서뿐만 아니라 영남학파의 중심이었던 구미 지역 문인들의 학문적 수준도 두루 느낄 수 있도록 꾸며져 있다.

"사물은 왜 모두 땅으로 떨어질까요. 그리고 사물이 땅으로 떨어진다면 정작 땅은 어디로 떨어지는 것일까요? 이 큰 땅을 하늘의 대기가 버텨주고 있다는데 그렇다면 대기는 또 어디에 붙어 있는 것일까요? 혹시 이를 떠받혀 줄 기氣라도 있는지요? 혹은 땅을 지탱할 또 다른 땅이 있는지요?

장현광의 저서 《답동문答童問》의 일부다. 지금의 중력이라는 개념이 당연하지 않던 시기, 장현광의 물음은 매일 읽던 책에서 벗어나 세상의 원리로 향했다. 시기로 따진다면 중력에 대한 그의 관심은 뉴턴보다 이른 것이다. 18세의 나이에 이미 우주의 원리를 논한 《우주요괄첩宇宙要括帖》을 지을 만큼 일찍 우주의 원리에 관심을 가졌던 그다. 타고난 영민함에 끊임없는 노력이 더해져 장현광은 영남학파의 줄기를 잇는 중요한 인물로 평가받았다. 《우주요괄첩》, 《역학도설易學圖說》, 《경위설經緯說》, 《우주설宇宙說》, 《태극설太極說》 등 많은 저술을 남겼는데, 특히 《경위설》과 《우주설》은 시대적으로 중국보다 훨씬 앞선 것으로 평가되고 있다.

장현광의 호가 '여헌'인 것도 그가 연구한 우주와 연관이 있다. 나그네 여旅에 집 헌軒 자를 쓰는데, 해석하면 '나그네의 집'이라는 의미다. 장현광은 어린 시절 임진왜란을 맞아 금오산으로 피란을 떠나야 했다. 낙동강과 가까이 있었던 선산, 구미 지역은 왜구의 침입으로 초토화되었고 장현광의 집도 불타 없어졌다. 이후 15년간 거처 없이 떠돌이 생활을 해야만 했던 그는 천지에 존재하는 만물의 것들이 모두 나그네이고, 자신의 처지 또한 다를 게 없다고 말하며 자연의 모든 것을 집[軒]으로 여겼다. 생성되고 소멸하는 모든 것을 우주의 객客이라고 표현하며 자신의 호를 여헌이라고 지은 것이다. 소박하지만 우직한 여헌 장현광의 성품을 짐작할 수 있는 대목이다.

> "높은 당우堂宇만이 헌軒이 아니다. 그늘을 드리우는 나무 밑도 내 헌이요, 흰구름이 머무는 바위 위도 내 헌이다. 풀이 우거진 개울가도 내 헌이요, 맑은 바람이 부는 산기슭도 내 헌이다. 하루 동안 헌도 있고 더러는 며칠간의 헌도 있고, 또 몇 달간 헌도 있고, 때로는 한 계절을 지나는 집도 있다."

인동에 위치한 '모원당慕遠堂'은 그가 기거할 곳이 없어지자 장경우를 비롯한 그의 제자들과 친척들이 함께 지어준 집이다. '모원당'이라는 이름은 장현광이 직접 지은 것이다. 그가 떠돌이 생활 끝에 모원당에 머물게 되자 보은 현감, 의성 현령, 사헌부 지평, 성균관 사업, 형조참판, 대사헌, 공조판서, 우찬찬 등 20여 차례 관직이 내려왔으나 그는 대부분 사양하고 학문을 연

구하고 후학을 양성하는 데 매진했다.

장현광의 이러한 덕행과 학문을 널리 알리고 추모하기 위해 제자들이 건립한 서원이 지금의 동락서원이다. 장현광 선생이 지은 부지암정사 자리에 지었다. '동락東洛'은 '동방의 이락伊洛'이라는 뜻이다. 이락은 송나라 학자 정호, 정이 형제가 수학하던 중국의 이천伊川과 낙양洛陽을 가리키는데, 동시에 주자의 《이락연원록伊洛淵源錄》에서 유래해 성리학의 근원, 유학의 중흥지를 의미한다. 부지암정사는 선생이 세상을 떠난 후 효종 6년(1655)에 선생의 학문과 덕행을 추모하기 위해 창건해 위패를 모셨다. 숙종 2년(1676)에 '동락'이라 사액받고 서원으로 승격되었다. 이후 흥선대원군의 서원철폐령으로 근 60년간 문을 닫아야만 했지만 1932년에 사당을, 1971년에 부속건물도 복구하며 장경우를 추가로 함께 배향하기 시작했다. 현재는 사당인 경덕사와 강당 건물인 중정당, 기숙사인 동재와 서재, 창고, 문루, 제사가 열릴 때 선현이 흠향하러 들어오는 신문神門 등이 남아 있다.

동락서원에는 시선을 사로잡는 아주 키 큰 나무가 한 그루 있다. 높이가 족히 30미터는 되어 보이는 은행나무다. 이 나무는 1610년, 장현광 선생이 부지암정사를 지으면서 전란으로 황폐화된 국토를 안타까워하며 직접 심은 것이다. 높이만으로 치면 우리나라의 은행나무 가운데 최고 수준이라고 한다. 크기도 크기지만 은행나무라 특히 가을에 그 존재감이 더욱 커지는데 주변에 수나무가 없는데도 불구하고 해마다 엄청난 은행을 맺어 자손 번창을 기원하는 사람들이 매년 기도를 하러 찾는다고 한다.

그 옛날, 우주를 향해 질문을 던지고 평생을 학문 탐구와 후학 양성에 힘썼던 여헌 장현광 선생은 400여 년의 세월을 지나서도 굳건히 서서 동락서원의 풍경을 가득 채우는 은행나무처럼 높고 올곧은 조선 시대 대표적인 성리학자로 남았다.

인동 3.12 독립만세운동기념탑

1919년 3월 1일, 서울에서는 민족대표 33인이 독립선언서를 낭독하고 만세운동이 시작됐다. 일본의 식민지 지배에 저항하는 우리 민족의 거대한 움직임이었다. 서울에서 시작된 독립운동이 불씨가 되어 다른 지역으로 옮겨 붙으며 독립운동은 점차 확대되었다. 그 불씨가 구미에도 전해진 건 대구에서 만세운동이 일어나기 바로 전날인 1919년 3월 7일이었다. 대구 계성학교 학생 이영식이 친구인 이내성과 함께 독립선언서를 들고 구미 진평동 이상백의 집으로 찾아왔다. 3월 1일 이후 전국적으로 벌어지고 있던 만세시위운동에 동참할 것을 권유하기 위해서였다. 이상백은 만세운동의 필요성과 취지에 깊이 공감했다. 이영식이 그랬던 것처럼 이상백도 동네 주민들을 설득하기 시작했다. 동네 주민들과 이상백은 인동 뒷산에서 만세운동을 하기로 뜻을 모았고 거사일은 3월 12일로 정했다. 그들은 이상백의 집에 모여 붓으로 독립선언서를 쓰고 당일에 사용할 태극기를 만들었다.

거사일인 1919년 3월 12일, 그들은 마을의 집마다 방문해 저녁에 있을 만세운동을 알렸고, 많은 사람이 참여할 수 있도록 독립선언서를 마을 곳곳에 붙였다. 밤 8시가 되자 인동 뒷산으로 횃불을 든 사람들이 하나둘씩 모여들었다. 이날 저녁 뒷산에 모인 동네 주민들은 무려 300명에 달했다. 이상백과 이영식은 교대로 사람들 앞에 나섰다. 머지않은 미래에 조국은 독립이 될 것이고 그러기 위해서는 만세운동을 전개해야 한다고 강조하며 주민들의 참여를 독려했다. 그들이 '독립만세'를 선창하자 동네 주민들이 뒤이어 '독립만세'를 외쳤다. 그들이 올라선 바위를 중심으로 그 일대가 태극기 물결과 만세 함성으로 가득 찼다. 독립의 염원을 담은 외침이 인동 전역에 퍼졌다. 국권 침탈 후 10년 만에 다시 보는 태극기였다.

진평동 산 8-2번지에는 그날의 뜨거웠던 독립만세운동과 그 주역들을 기리기 위한 기념탑이 있다. 인동입석에서 출발해 가파른 언덕길을 오르다 보면 주택가를 뒤로하고 산으로 오르는 길목이 나온다. 진입로를 따라 올라가다 보면 마주치는 커다란 바위가 동네 주민들이 올라가 만세를 외쳤던 '만세바위'다. 난숨에 오르기 버거울 만큼 커다란 바위에 힘들게 오르며 만세 소리가 더 멀리까지 퍼지기를 바랐던 그들의 간절한 염원을 짐작할 수 있었다. 만세바위를 지나 가파른 계단을 오르면 그 끝에는 '인동 3.12 독립만세운동기념탑'이 있다. 산중턱에 걸린 거대한 태극기가 마치 그날의 비장함을 상징하는 듯하다.

대한민국 독립운동사에서 가장 많은 독립운동가를 배출한 곳이 경북이라고 한다. 기념탑을 둘러싸고 있는 벽에 새겨진 독립운동가의 이름만 봐도 그 말을 실감할 수 있다. 그도 그럴 것이 3.12 독립만세운동은 한 번으로 끝나지 않았다. 1919년 3월

12일부터 시작해 14일까지 3일 동안 네 차례에 걸쳐 일어났다. 적게는 20~30명, 많게는 300여 명이 참여했다. 체포되어 6개월 이상 감옥 생활을 한 독립운동가만 해도 20명이 넘었다. 또한 4월 3일에는 해평면, 4월 8일에는 임은동, 4월 12일 선산 장날까지, 한 달 동안이나 구미 지역 독립운동의 열기는 이어졌다.

조선은행 대구지점 폭파사건과 장진홍 의사

국립 현충원 애국지사 묘소에 있는 가묘, 독립기념관에 전시되어 있는 그가 직접 지니고 다녔던 칼, 대구향토역사관에 있는 옥중 서신과 그가 보도된 신문, 구미시 진평동 동락공원 호국용사 기림터에 세워져 있는 동상, 경북 칠곡군 왜관읍 석전리의 애국 동산에 세워진 기념비… 이는 모두 한 사람을 기리기 위한 것이다. 바로 독립운동가 장진홍 의사다. 최근에 발급된 구미사랑카드에도 장진홍 의사는 구미의 독립운동가로 왕산 허위, 박희광과 함께 나란히 이름이 올라 있다. 그의 독립 의지와 정신을 기리기 위한 흔적들은 곳곳에 흩어져 있지만, 그가 구미 옥계동 출신의 독립운동가라는 사실을 알고 있는 사람은 많지 않은 것 같다.

　의열단 3대 의거였던 조선은행 폭파사건을 주도한 장진홍 의사는 경상북도 칠곡군 문림리, 지금의 구미시 옥계동에서 태어났다. 지금의 인동초등학교인 인명학교를 졸업하고 조선 보병대에 3년간 근무했다. 일제 치하의 군대에서 한계를 느낀 그는 3년 만에 제대하고 1918년 광복단에 가입해 활동하면서부터 본격적으로 독립운동을 전개했다. 그가 광복단에 가입한 것은 옆 동네에 살고 있던 이내성의 권유 덕분이었다. 이내성은 구미 진평동 출생으로 3.12 독립만세운동을 독려했던 인물이기도 하다. 그는 장진홍과 함께 직접적인 대일투쟁을 결의하고 조선은행 대구지점 폭파 기사 준비에 협력하기도 했다. 이내성과 함께 광복단의 일원으로 독립운동을 펼치던 장진홍은 일본의 감시 강화로 국내에서 활동이 어려워지자 만주로 떠났다. 과감하고 적극적으로 무장투쟁에 앞장섰던 그는 연해주에서 청년들을 모아 군사 훈련을 하고 베이징에서 폭탄 제조법을 배워 오는 등 무력으로 저항하는 일에 앞장섰다. 그가 국내로 돌아와 벌인 무장투쟁 중 가장 대표적인 사건이 바로 '조선은행 대구지점 폭파사건'이다.

1927년 10월 18일 오전 11시 20분, 조선은행 대구지점(현 대구시 중구 중앙대로 433)에 허름한 행색의 청년이 신문지로 감싼 벌꿀 상자 4개를 들고 나타났다. 그 청년은 누군가 조선은행 국고계 주임에게 전하라는 선물이라며 신문지로 싼 상자 하나를 건넸다. 은행원이 의심 없이 받아 든 상자에서는 벌꿀 냄새가 아닌 화약 냄새가 났다. 놀란 은행원이 서둘러 상자를 열자 이미 도화선에 불이 붙어 뇌관에 닿기까지 단 2센티미터만 남은 다이너마이트가 들어 있었다. 은행원의 신고를 받고 출동한 경찰관이 벌꿀 상자들을 큰길가로 옮긴 지 2분이 채 되지 않아 상자 3개가 연달아 폭발했다. 그 자리에 있던 은행원과 경찰관이 중상을 입었고 은행 창문 70장이 깨졌다. 그 주변의 전선이 끊기고 깨진 창문의 유리 조각이 대구역까지 날아갈 만큼의 위력이었다고 한다.

> 너희들 일본제국이 한국을 빨리 독립시켜 주지 않으면 너희들이 멸망할 날도 멀지 않을 것이다. 내 육체는 네 놈들의 손에 죽는다 하더라도 나의 영혼은 한국의 독립과 일본 제국주의 타도를 위하여 지하에 가서라도 싸우고야 말겠다.

조선은행 대구지점 폭파 사건으로 체포된 장진홍 의사가 대구형무소에서 자결하기 전 옥중에서 조선 총독에게 보낸 서한 중 일부다. 사형을 선고받는 자리에서도 "대한독립만세"를 외쳤던 장진홍 의사의 독립에 대한 불굴의 의지와 열망이 고스란히 담긴 문장이다. 사형이 집행되기 하루 전, 일제의 손에 죽임을 당하는 대신 자결을 택했던 장진홍 의사의 시신이 옥문을 나서자 수감자 1천여 명이 '조선독립만세', '장진홍 만세'를 외쳤다. 그의 시신은 가족은 물론 누구의 입회도 없이 경북 칠곡군 석적면

남율리 언덕에 묻혔지만 해방이 되는 날까지도 사람들은 그 무덤 앞을 지나면 정중히 머리를 숙이며 예를 다했다고 한다.

산동읍에 위치한 물빛공원이 장진홍 의사의 생가터가 있던 자리다. 지금의 물빛공원은 장진홍 의사의 흔적은 찾아볼 수 없고 놀이터, 풋살장, 산동루 등 지역 주민을 위한 근린 시설로만 이루어져 있다. 옥계에 양포 도서관이 건립될 당시 '장진홍 도서관'으로 이름 붙이자는 의견이 있었으나 채택되지 못했다. 공원이든 도서관이든 오가며 그의 이름을 불러 보거나 떠올릴 수 있다면 그의 이름이 조금은 친숙했을 것 같다. 낯선 이름으로 점점 잊힐 것이 아니라 구미가 마땅히 자랑스러워하는 인물로 오래 그 이름이 기억되길 바란다.

2

천생산

하늘이 낳은 산이란 이름의 천생산天生山. 천생산은 봉우리가 평편하여 한국의 '테이블 마운틴'이라 불린다. 실제로 천생산을 바라보면 신들을 위해 마련된 테이블 같은 모양이다. 그 외에도 여러 이름이 있는데 구미 시내 쪽에서 보면 마치 함지박을 엎어 놓은 모양이라 하여 이 지역 주민에게는 '방티산'이라 불리기도 한다. '방티'는 큰 대야를 뜻하는 경상도 사투리다. 또한 병풍을 둘러친 것 같다 하여 '병풍바위'라 부르기도 하고, 장천면 일대 에서는 신라의 시조인 박혁거세가 성을 쌓았다는 전설이 있어 '혁거산'이라고도 한다. 장천면과 인동동을 잇는 천생산은 해발 407미터로 금오산과 비교하면 높지 않은 산이다. 옥계, 인동, 황

상동, 구평동 주민들이 주로 찾기도 하지만 역사학적으로도 가치가 높아(경상북도 기념물 제12) 사료 조사차 많이 찾는 곳이기도 하다.

천생산으로 가는 길은 여러 갈래다. 가까운 출발지로는 천생산성 삼림욕장 또는 숲 체험장을 통하는 길이 있고 천룡사를 거쳐 오르는 길도 있다. 천룡사로 올라가는 길은 가장 빠른 길이기는 하나 수직 암벽을 올려다보며 바위를 타고 지그재그로 올라가야 한다. 거리상으로는 가깝지만 가파른 길이다. 천생사에서 북동쪽 산릉선을 따라가다가 계단을 타고 600여 미터쯤 올라가면 바로 북문 터가 나온다. 불쑥 튀어나온 큰 바위인 미덕암에 올라 아래를 내려다보면 구미공단이 발아래 펼쳐진다. 서쪽으로 낙동강과 유학산, 금오산 자락, 김천시가 눈앞으로 다가온다. 왜군을 물리치기 위해 피 흘렸던 전쟁터라고 생각하면 곳곳이 특별하다. 의병들의 숭고한 희생정신이 천생산 성벽 아래 겹겹이 이끼로 쌓여 있다.

천생산성

천생산성은 신라 시대를 거쳐 임진왜란 때까지도 전쟁 시 주요한 전략적 요충지였다. 자연석이 병풍처럼 둘러 있어 서쪽은 천연 절벽을 방어 시설로 활용하고 반대편 동쪽 경사면에만 성곽을 쌓은 형태다. 축성 양식은 자연적으로 깨진 돌(자연할석)을 그대로 쌓은 삼국 시대 양식으로 삼면을 둘러싼 천연 암벽을 성곽으로 활용해 방어 요새로 적격이다. 천생산성은 임란 후 그 중요성이 인정돼 꾸준히 수축 공사가 이뤄졌다. 선조 29년(1596) 인동 현감 이보가 대대적으로 수축한 뒤 1601년과 1604년 관찰사 이시발李時發과 찰리사 곽재우의 지휘로 다시 수축되었다. 《세종실록지리지》에 따르면 천생산성 둘레는 324보步이고, 천연 석벽이 절반 이상인 천연 요새로 성안에는 우물 하나, 작은 연못 2개소가 있다는 기록이 있다. 동, 남, 북쪽에 각각 성문이 있었으나 현재 남문은 무너지고 북문은 일부 사라졌으며 동문만 겨우 원형을 유지하고 있다. 성안에는 장대將臺, 군기고軍器庫 등 여러 채의 건물이 있었다고 한다. 산성의 수호 사찰인 만지암萬持庵에는 딩간지주만 님아 있다. 가파른 성벽을 사이에 두고 나라를 지키기 위해 목숨을 바친 의병들의 모습이 선연하다. 천생산성은 임진왜란 당시 곽재우 장군이 의병을 이끌고 왜적과 맞서 싸운 곳이기도 하다.

천생산 마제지 생태공원

문성에서 옥계로 가는 양호대교가 개통돼 문성~옥계 간 거리가 10여 분 정도로 가까워졌다. 옥계를 지나 구평에서 내리면 천생

산으로 가는 길이 매우 가깝다. 천생산 공원 간판을 따라 올라가면 오른쪽으로 천룡사를 통해 천생산으로 올라가는 등산로가 나온다. 천생산 생태공원은 왼쪽으로 산기슭을 타고 700미터쯤 차로 이동하면 된다. 가장 먼저 맞아 주는 건 어린이 숲 체험장이다. 마침 숲 해설사가 어린아이를 동반한 가족들에게 숲에 있는 잠자리, 여치, 메뚜기 등을 설명하고 있었다. 곤충 채집망으로 풀밭을 쓱쓱 몇 번 휘젓자 작은 곤충들이 망에 걸렸다. 아이들이 서로 머리를 맞대고 채집망에 잡힌 곤충들을 살펴보며 신기해했다. 생태공원을 따라 걸어 내려오니 잘 정비된 데크로 이어진 산책로가 나온다. 정자에는 아침 일찍 등산을 마치고 내려온 사람들이 도시락을 먹는 모습이 정겹다. 맨발로 흙길을 걷는 사람들도 보인다. 벚나무 길을 걷다 보니 원래 농업용 저수지였다던 마제지가 보인다. 저수지 근처에는 벤치가 나란히 놓여 있어 쉬어갈 수 있다. 20여 분쯤 걷자 천생산으로 향하는 좁은 길이 여러 갈래로 뻗어 있다. 어디로 향해도 소나무와 굴참나무들이 반갑게 맞아 줄 것 같다. 완만한 산기슭으로 이어진 산책로는 자연과 사람이 함께 숨 쉬며 호흡하는 도심 속 휴식 공간으로 자리하고 있다. 이곳은 언제 와도 좋지만, 저녁 무렵 금오산 너머로 지는 노을 풍경이 장관인 곳으로 유명하다. '걷기 좋은 길', '일몰 산행지'로 꾸준히 추천되는 곳이다.

강동문화복지회관, 학서지 생태공원

2017년 5월 12일 문을 연 강동문화복지회관은 천생산과 봉두암 사이에 있다. 인동에서 가산 가는 방향의 산기슭에 자리 잡은 강동문화복지관. '문화와 복지'를 주제로 공연장, 갤러리, 헬스장, 도서관이 있는 복합 문화시설이다. 강동문화복지관에 도착하면 가장 먼저 나무, 돌, 쇠를 소재로 각각 인간(천), 생명(생), 자연(산)을 의미하는 조각품을 만난다. 앞으로는 천생산이 보이고 그 아래로 학서지 생태공원도 한눈에 보인다. 전시장 입구 '아트숍'에는 지역 작가들의 작품이 전시된 것이 눈에 띈다. 700석 규모의 천생 아트홀과 250석 규모의 봉두 아트홀이 있어 다양한 문화 행사를 관람할 수 있다. 세미나실, 문화강좌실 등에서 다양한 문화 프로그램이 열린다. 실내체육관에는 탁구, 배드민턴, 힐링 요가를 하는 사람들로 가득했다. 1층 카페에서 따뜻한 커피를 한 잔 사 들고 2층으로 올라가니 학서지 생태공원이 보였다.

학서지 생태공원은 학이 많이 날아다닌다고 해서 붙여진 이름인데 도심에서는 쉽게 볼 수 없는, 학이 짝을 이뤄 나는 모습도 펼쳐진다. 학서지는 비교적 근래에 생태공원 조성 사업을 한 곳인데 수달이 목격될 정도로 자연환경이 깨끗하고 생태 보존도 잘 되어 있다. 구평 지역 시민들이 운동이나 산책 삼아 걸

어올 수 있는 곳이라 찾는 사람들이 점점 늘고 있다. 생태공원 안에는 어린이 놀이터와 햇빛을 피할 수 있는 쉼터까지 있어 가족 나들이 장소로 더없이 좋다. 일상에서 조금만 벗어나면 산과 나무와 저수지를 만날 수 있다는 건 큰 행운이다. 음악 공연, 뮤지컬, 그림 전시를 관람하고 학서지 생태공원을 걸으며 일상의 무게를 잠시 내려놓아도 좋을 것 같다.

역사적 공간은 역사적 공간대로, 현재 일상의 공간은 일상의 공간대로 구미는 우리 시민들의 마음에 자리매김하고 있다. 역사를 잊은 민족에게 미래가 없다는 말이 있듯 야은 길재, 왕산 허위, 박정희로 이어지는 역사의 큰 줄기를 따라가 본 역사적 공간, 천생산이나 해평 철새도래지, 학서지 생태공원처럼 우리 생활에 녹아 있는 일상의 공간, 그 모든 곳이 미래 후손을 위해 잘 보살펴야 할 곳들이다. 구미에 살면서 구미를 잘 알지 못한다고 무심히, 게으르게 말해버리곤 했다. 관심을 가지고 애써 구미의 여러 공간을 둘러보며 성글게나마 짚어 보니 내가 살고 있는 공간에 새록새록 애정이 피어오른다. 이런 애정이 한 걸음이라도 앞으로 나아갈 수 있는 원동력이 되리라 믿는다. 우리가 사는 공간이라도 우리가 애정을 가지고 직시해야만 보이는 것이 분명히 있을 것이다.

의우총

구미시 산동읍 경운대학교로 향하는 길에 의우총이 있다. '의우총 앞'이라고 이름 붙여진 버스 정류장에서 내리면 바로 의우총을 알리는 커다란 표지판과 입구가 보인다. 의우총은 호랑이로부터 주인을 지킨 의로운 소의 무덤이다.

이 마을에 살던 김기년이라는 농부가 어느 해 여름, 암소를 부려 밭을 갈고 있었다. 그때 갑자기 숲속에서 호랑이 한 마리

가 나타나 김기년에게 덤벼들자 함께 있던 소가 크게 우짖으며
머리로 호랑이의 배와 허리를 무수히 들이받았다. 소의 거센 반
격에 호랑이는 마침내 피를 흘리며 달아나다가 몇 걸음 못 가서
죽었다. 김기년은 다행히 목숨은 구했으나 깊은 상처를 입고 말
았다. 그는 죽기 전 가족들에게 자신이 죽은 뒤에도 소를 팔지
말고 소가 죽으면 자신의 무덤 옆에 묻어달라는 유언을 남겼다.
김기년이 숨을 거두자 그 소도 먹이를 먹지 않고 3일 뒤 주인을
뒤따라 죽었다. 이 이야기를 전해 들은 선산 부사 조찬한이 그
사실을 돌에 새겨 무덤가에 비석을 세웠고 이를 '의우총'이라
부른다.

에코랜드

도시가 만들어 내는 온갖 소음에 지칠 때는 고요한 곳이 절실히
필요하다. 눈과 귀가 쉴 수 있는 곳, 시간에 떠밀리지 않고 계절
을 감각할 수 있는 곳을 찾게 된다. 일과 삶에 지쳐 고요한 자연
에서 잠시 휴식하고 싶은 사람들에게 산동 에코랜드는 더할 나
위 없이 적당한 곳이다. 가을에서 겨울로 넘어가는 틈에 방문한
에코랜드에는 서늘한 바람 아래 낙엽이 가득했다.
    에코랜드는 구미시 산동읍 인덕리 일원에 위치한 대규모
산림문화휴양시설이다. 구미시산림문화관, 생태탐방 모노레일,

산동참생태숲, 자생식물단지가 모여 있고 에코랜드는 이 모든 산림휴양시설을 총칭하는 이름이다.

주차장에 주차를 하고 나면 가장 먼저 눈에 들어오는 건물이 산림문화관이다. 산림문화관은 지상 3층 규모로 생태학습체험관, 녹색 체험 교실이 있어 숲 생태계를 배울 수 있는 공간이다. 생태탐방 모노레일은 숲속 기차를 콘셉트로 생태숲과 전망대를 경유해 다시 산림문화관으로 돌아오는 코스로 운영된다. 길이는 총 1.8킬로미터로 느린 속도로 약 30분 동안 운행된다. 천천히 운행하는 모노레일은 롤러코스터 같은 속도감 대신 충만한 여유를 느낄 수 있어 더없이 좋다. 전망대 정거장에서 숲을 한눈에 조망할 수도 있고 나무와 나무 사이를 지나며 숲을 가까이 느낄 수도 있다. 모노레일이 산동참생태숲과 자생식물단지를 통과하는데 평일에는 내려서 다양한 식물을 눈여겨볼 수 있다.

에코랜드 어느 곳에서나 아이들은 마음껏 소리를 지르며 뛰어다닌다. 가만히 바람 소리를 듣고 흙길을 걸으며 아이들의 웃음소리와 함께 완벽한 휴식을 맛볼 수 있는 곳이다.

4장

선산 지역

1

조선 시대
명유학자를 만나다

예부터 도적이 없고 인심이 좋아 살기 좋은 고을, 선산이다. 신라 시대 일선一善부터 숭선嵩善, 선주善州, 선산善山까지 이 고을의 이름에는 늘 '선함'이 함께 했다. 조선 실학자 이중환은 『택리지』에서 선산을 "산천이 맑고 밝으며 곡식이 알찬 고을"이라고 묘사했다. 그리고 구미에 사는 사람이라면 누구나 한 번쯤 들어 봤을 글을 남긴다.

> "조선 인재의 반은 영남에 있고 영남 인재의 반은 선산에 있다'라고 자랑할 정도로 학문에 뛰어난 선비들이 많았다."
> ─ 이중환, 『택리지』

　　조선은 새 왕조를 세운 후, 도학道學(성리학)을 바탕으로 나
라의 기틀을 닦고자 힘썼다. 그리고 능력이 뛰어난 인재를 모으
기 위해 과거제도를 공정하게 정비하였다. 과거시험은 요즘으
로 말하면 '조선 관료 등용 국가고시'였다. 관직을 얻을 수 있는
거의 유일한 길이었기에 경쟁이 치열했다. 흔히 '과거 급제'했
다고 하면, 문관 시험인 대과에 합격했다는 의미인데 대과 시험
에 응시하려면 먼저 소과에 합격해야 했다. 소과는 1차, 2차 시

험을 거쳐 생원 700명과 진사 700명을 뽑았다. 대과 1차 시험인 초시는 3년마다 전국에서 동시에 치러졌으며 총 240명의 합격자를 뽑았다. 이듬해 복시(2차 시험)에서 다시 33명의 합격자를 가렸다. 이어 왕이 직접 주관하는 전시(3차 시험)에서 1등이 장원, 2등이 아원이 되고 복시에 합격한 33명 모두 과거 급제자로 이름이 오른다. 그러니 장원 급제했다는 것은 실로 엄청난 일이었다.

그런데 한양에서 오백 리는 떨어져 있는 지방에서 조선 개국 이후 60년 동안 36명의 과거 급제자가 나왔고 그 가운데 6명이 장원 혹은 아원으로 급제했다. 더군다나 태종 5년(1405년) 식년시 과거에서는 장원과 아원을 한 이(유면, 정초)가 모두 선산 출신이었으니 조선 인재의 반의반이 선산에 있다고 자랑하더라도 지나침이 없을 것이다.

선산의 인재들

전가식은 조선 개국 이후 세 번째로 열린 과거 시험(정종 1년, 1399)에서 장원 급제하여 훗날 예조판서가 되었다. 정초는 태종 5년에 아원으로 급제해 훗날 이조판서와 예문학 대제학이 되었고, 세종 때 『농사직설』, 『삼강행실도』를 편찬하는 등 큰 업적을 남겼다.

경남 진주의 하담은 아버지의 권유로 선산에 올라와 야은 길재의 문하에서 공부하였다. 선산 영봉리에서 살던 유면의 딸과 혼인하면서 처가 근처에 정착하였다. 하담은 학문에 더욱 매진하여 태종 2년(1402) 과거에서 아원으로 급제했다. 훗날 지청송군사(청송군수)로 많은 업적을 쌓았다. 장인인 유면은 다음 식년시 과거(1405)에 장원으로 급제해 강직한 성품으로 사헌부 지평을 역임하였다. 이후 대를 이어, 하담의 큰아들 하강지가 세종 11년(1429)에 과거 급제하고, 세종 20년(1438)에는 둘째 하위지와 셋째 하기지가 동반 급제하였다. 이때 하위지는 장원 급제해 집현전 부제학, 예조참판을 역임하고 훗날 사육신으로 이름을 남긴다. 이렇게 진양 하씨 가문은 조선 초 과거를 통해 신흥 명문 가문으로 발돋움했다.

소선 초기 신산에서 훌륭한 인재가 많이 배출된 배경에는 길재가 있다. 길재는 고려 말 이색, 정몽주에게 성리학을 배워 성균박사를 역임했다. 성균박사는 당대 하나밖에 없던 국립대학 격인 성균관의 교수직이다. 그런 길재가 고향에 내려와 강학을 열었다는 소식은 지역사회에서 큰 화제가 되었을 것이다. 더군다나 새로운 나라 조선의 통치 사상인 '최신 성리학'을 가르치니, 전국 곳곳에서 선비와 어린 학동이 몰려들었다. 아마도 당시 지방 교육에 혁신을 불러왔을 것이다.

김해부사로 관직을 마친 김치는 길재의 제자로 스승의 뜻을 이어 선산에 머물며 후진 양성에 힘썼다. 또 다른 제자였던 김숙자는 세조가 왕위에 오르자 관직을 내려놓고 낙향하여 길재의 학통을 이어갔다. 그의 아들 김종직은 성종 때 최고의 문장가이자 성리학자로 명성을 얻었다. 40대에 함양군수, 선산부사 등 지방 관료로 10년을 근무했고, 50대에 중앙 관료로 발탁되어 형조판서까지 역임하였다. 길재의 절의 학풍을 이어받아, 영남과 한양에서 김굉필, 정여창, 김일손, 남효온 등의 제자를 두루 배출했다.

조선 시대 성리학은 정치 세력으로 조선 건국과 세조 즉위를 도운 훈구파와 지방 향촌을 중심으로 성장한 사림파로 나뉜다. 그러나 학문적으로 조선 성리학의 전통은 사림파에서 찾는다. 그래서 조선 성리학은 고려 말 정몽주와 길재로부터 시작하여 김숙자, 김종직, 김굉필로 이어져 조광조를 거쳐 조식과 이황, 이이로 이어지며 성혼이 꽃피웠다고 말한다. 조선 성리학의 뼈대를 세운 길재-김숙자-김종직-김굉필이 선산에 연고를 둔 인물이다. 또한 조선 성리학을 풍성하게 만든 박영(송당학파)과 장현광(여헌학파)도 있다.

무엇보다 길재와 사림파 도학자들이 지역에서 인재를 양성하는 모습이 인상적이다. 2020년 서울, 경기, 인천에 사는 수도권의 인구가 전국 인구의 50%를 넘어섰다. 사람과 산업이 모두 수도권으로 몰려들어 지방 소멸을 심각하게 걱정하는 시대이다. 지방 사회를 튼튼히 하고 인재를 키워 사회 변혁을 꿈꾸며 실천했던 조선 성리학자들의 모습에서 지방의 성장에너지를 발견할 수 있으면 좋겠다.

선산의 풍수지리와 비봉산

풍수지리에서는 산을 등지고 물이 내려다보이는 배산임수背山臨水의 지형이 마을이나 고을의 입지 조건으로 좋다고 말한다. 실제로 마을 뒷산은 겨울철 차가운 북서풍을 막아 주고, 마을 앞에 하천이 흐르면 물을 얻기 쉽고 논밭을 일구기 좋은 땅이 많기 때문이다.

그런 의미에서 선산은 참 좋은 땅 모양을 가졌다. 북쪽으로는 비봉산이 고을의 중심을 감싸고, 고을 앞으로는 감천이 흘러 낙동강과 이어진다. 감천 너머엔 넓은 들판이 펼쳐지고, 그 멀리 남쪽에 금오산이 지키고 서 있어서 고을을 크게 품어 안고 있다.

이런 좋은 풍수지리 덕분에 선산에 인재가 많이 났다고 말하는 사람들도 있다. 실제로 비봉산 아랫마을 영봉리에서는 과거 급제자가 15명이나 나왔다. 그중 장원 급제자가 7명, 아원이 2명이나 되어 '장원방'이라고도 불렸다. 이 마을의 옛 이름이 영봉迎鳳이다. 봉황을 맞이한다는 뜻이다.

봉황은 상서로운 기운을 가진 전설의 새다. 수컷이 봉鳳이고 암컷은 황凰이다. 부리는 닭, 턱은 제비, 목은 뱀, 앞몸은 기린, 뒷몸은 사슴, 등은 거북, 꼬리는 물고기를 닮았다고 한다. 또한 오색 무늬의 아름다운 깃털에 소리가 우렁차다고 한다. 봉황이 세상에 나타나면 천하가 태평해진다고 해서 예부터 귀하게 여겼다.

비봉산飛鳳山은 그 이름처럼 봉이 두 날개를 펼쳐 하늘로 날아오르는 모습을 하고 있다. 오른 날개가 동쪽 교리 뒷산, 왼 날개가 서쪽 노상리 뒷산이다. 그런데 옛날 선산 사람들은 혹시라도 봉이 다른 곳으로 날아가 고을에 상서로운 기운이 사라질까, 걱정했다고 한다. 그래서 비봉산 맞은편에 있는 감천 건넛산을 황산凰山이라고 이름 지었다. 봉과 황이 짝을 이뤄 알콩달콩 잘 살라는 바람을 담았다. 그래도 마음이 놓이지 않아, 그 남쪽에 망장網障 마을을 뒀다. 봉이 날아가더라도 그물로 가로막아 꼭 붙잡겠다는 의지다. 대나무 열매를 먹고 사는 봉황을 위해 비봉산 서쪽 마을을 죽장竹杖이라 하고, 마을 주변에 대나무를 많이 심었다. 동남쪽에 있는 화조花鳥 마을은 온갖 꽃들이 피고 새들이 놀러 와 봉황을 즐겁게 해 준다는 뜻이다.

마치 하늘에서 아래를 내려다보며 한 폭의 그림을 그리는 듯, 옛사람들의 스토리텔링 능력이 정말 탁월하다. 산 모양에서 상상의 새 이름을 떠올린다. 사람들의 바람을 이야기에 담는다.

인문학적인 특성을 살려 이야기를 확장한다. 이야기에 맞춰 실제 마을 이름을 짓고 대나무를 심기도 한다. 실제 세계와 상상 세계를 넘나든다. 이야기는 점점 그럴듯해지고 풍성해진다. 사람들 사이에 계속 회자되고, 널리 퍼져 나간다.

'무언가 되지 못한' 전설 이야기

구미 선산 지역에는 이상하게도 무언가 되지 못한 것에 관한 전설이 많다. '수도가 되지 못한 선산' 이야기도 그중 하나다. 전해지는 이야기의 일부분을 수정, 재구성하여 소개한다.

옛날에 한 임금이 새 왕국의 수도를 찾기 위해 전국 방방곡곡을 돌아다녔다. 아무리 둘러봐도 마땅한 곳을 찾지 못했는데, 선산 땅을 보고 매우 기뻐했다. 산과 강이 병풍처럼 둘러싸여 외적을 막기 좋았고, 기름진 평야를 가지고 있어서 수도로 적합했다. 임금은 얼른 산골짜기 개수를 살폈다. 수도가 되기 위해서는 산골짜기 백 개가 온전히 채워져야 했기 때문이다. 그런데 헤아려 보니, 백 개에서 딱 한 개 모자란 아흔아홉 골짜기밖에 안 되었다. 임금은 몹시 아쉬워하며, 몇 날 더 머물며 다시 한번 세보기로 했다.

이 광경을 지켜보던 금오산 산신령도 아쉽기 그지없었다.

그래서 선녀에게 하늘 골짜기 하나를 떼어 달라고 부탁했다. 선녀들 마음도 같았기에, 쌍무지개를 타고 산 하나를 들고 내려왔다. 그런데 선산 노상리에 사는 농부의 딸이 우연히 그 광경을 보고서는, 다 죽게 생겼다며 오두방정을 떨었다. 선녀들이 기분이 상해 들판 한가운데 산덩이를 확 던져 버렸다.

며칠 뒤 임금이 다시 수를 셌다. 들판에 산이 새로 생겼지만, 맞대어 골짜기를 이룰 산이 없어서 여전히 백 골짜기가 못 되었다. 임금은 못내 아쉬웠지만, 발걸음을 옮길 수밖에 없었다. 그래서 결국 선산은 수도가 되지 못했다고 한다.

수도(도읍)가 되지 못한 이야기뿐만 아니라, 비슷한 사연으로 무언가 더 큰 존재가 되지 못한 이야기도 많다. 나그네의 욕 때문에 용마가 대업을 이루지 못한 도량 밤실마을 뒷산 벼락바위 전설, 금오산 마애보살입상이 새겨진 절벽 밑에 있는 '용샘(용달샘)'에 얽힌 이무기 전설도 이와 비슷한 좌절의 사연을 담고 있다.

옛날 옛적에 '강철이'라는 이무기가 금오산 밑에 살았다. 강철이는 차가운 물속에서 길고도 모진 수행의 시간을 천 년이나 보내고 드디어 바라고 바라던 용이 될 준비를 마쳤다.

그러나 마지막 관문이 남았다. 하늘로 오를 때, 처음 보는 사람이 '용이다'라고 외쳐야 진짜 용이 될 수 있었다.

　어느 화창한 봄날, 강철이는 긴장된 마음으로 밖으로 나와 큰 바위 위에서 크게 심호흡 했다. 그리고 우레와 같은 소리를 내며 천천히 하늘로 날아올랐다. 그때 언덕에서 봄나물 캐던 아낙이 그 광경을 봤다. 그런데 너무 놀란 나머지 "저기, 이무기 봐라!"하며 소리를 질렀다. 그 말에 강철이는 천 년을 수양하며 꿈꿨던 용이 되지 못한 채 땅에 떨어져 죽고 말았다.

선산은 왜 수도가 되지 못했을까? 이무기는 왜 용이 되지 못했을까? '여인'의 입방정 때문이라는 설정은 지역 내 엄한 유교 문화에서 그 연유를 찾기도 한다. 그러나 그렇다고 하기엔 뭔가 부족한 느낌이다. 이야기에서 묻어나는 아쉬움이 너무 진하다. 될 수 있었으나 되지 못한 사연. '입방정'으로 상징되는 다른 무언가가 사실은 이 지역 인재들이 겪은 역사의 비극과 맞닿아 있는 건 아닐까, 공연히 생각이 생각의 꼬리를 문다.

비극의 역사

예로부터 인재가 많기로 소문난 선산에는 야은 길재, 오로재 김성미, 경은 이맹전, 단계 하위지, 점필재 김종직 등 불의에 항거하고 절의를 지키고자 힘 쓴 학자들이 많았다. 하지만 '계유정난' 이후 이 선비들의 삶을 생각하면 비극의 역사라 하지 않을 수 없다.《택리지》에는 선산에 인물이 많았다는 내용 바로 뒤에 다음과 같은 문장이 덧붙여 기록되어 있다.

> 임진왜란에 참전한 명나라 군사가 이곳을 지나다가, 명나라 술사가 조선에 인재가 많은 것을 꺼렸다. 병졸에게 고을 뒤편의 산맥을 끊게 했다. 벌겋게 달아오른 숯으로 지지고, 큰 쇠못을 박아 땅의 정기를 억눌렀다. 그때부터 땅이 쇠잔하여 인재가 나오지 않는다.

믿거나 말거나 이야기일 수 있지만, 임진왜란(1592~1598)이 선산 지역에 엄청난 피해를 준 건 사실이다. 조선 시대 한양과 부산을 잇는 가장 중요한 교통로가 영남대로였다. 영남대로의 낙동강 수로와 육로가 맞닿은 곳에 있는 선산은 15~16세기 농업과 상업 발달로 큰 호황을 누렸다. 하지만 임진왜란 때 왜군들이 이 길을 통해 진격하면서 큰 타격을 받았다. 왜의 후방부대가 오랫동안 머무르면서 지역사회를 와해시켰다. 각종 문화재나 건축물, 산업 기반을 불태웠다. 왜란 중 큰 기근이 발생하여 지역 인구의 60%가 줄었다는 사료도 있다. 그래서 전란이 끝나고 사회를 재건할 때, 선산에서 인재가 성장할 수 있는 정신적, 인적, 물적 기반이 턱없이 부족했다. '아쉽지만' 15세기 조선 초의 영광은 사그라들었다고 볼 수 있다.

역사에 '만약에'라는 말을 덧대는 건 무의미하다. 하지만 만약에 수양대군의 개입 없이 조선왕조가 세종-문종-단종, 그리고 단종의 장자로 순조롭게 이어갔다면, 하위지 가문과 선산의 인재들의 활약상은 어떠했을까? 만약에 누군가 입방정 떨 듯 밀고하지 않았더라면, 역사는 달라졌을까? 만약에 사화가 없었더라면, 조선 중기 사림파가 정권을 잡았을 때 선산 유학자들이 어떤 역할을 했을까? 만약에 임진왜란이 선산 지역을 비켜 갔다면 지역사회의 미래는 또 어땠을까? 만약에 그랬다면, 지금 선산의 모습은 또 어땠을까?

역사를 바꿀 수 없으니, 이런 전설이 생겨난 건 아닐까? 만약에 말이야, 우리 고을에 산골짜기 하나(지지, 행운, 믿음 등)만 더 있었다면 이곳이 수도가 될 수 있었어, 만약에 그 사람 마음속에 품은 커다란 꿈을 하찮게(뱀으로) 보지 않고 귀하게(용으로) 봐줬다면 더 큰 인물이 되었을 거야, 하는 아쉬움을 담아서 말이다.

선산읍성 남문, 낙남루

서울에 숭례문(남대문)이 있다면 선산에는 선산읍성 남문이 있다. 감천을 가로질러 선주교를 건너가면 곧게 뻗은 선산대로 앞에서 마치 수호신처럼 버티고 서 있다. 너의 길은 저기요, 나의 길은 여기다, 하는 듯 말이다. 남문은 읍성을 오가는 관문이자 외적을 막는 방어문이었다. 선산읍성은 고려 말 토성으로 쌓았다가 조선 시대에 돌로 다시 쌓아 정비했다. 18세기 중엽 출간된 옛 지도를 보면 선산읍성은 비봉산에 등을 맡기고 양팔로 읍지를 감싸 안고 있는 느낌이다. 동서남북으로 4개의 출입문이 있는데 아마 남문이 읍성의 정문이었을 것이다. 일제강점기 때, 일제는 도시 정비를 평계로 전국의 수많은 읍성을 허물었다. 부자재들을 다른 용도로 이용하려는 것도 있었지만, 눈에 띄는 우리 민족의 상징물을 없애려는 목적이 강했다. 선산읍성도 그때 허물어졌다가 2002년 남문의 낙남루가 복원되었다. 낙남루는 남문 위에 있는 누각 이름이다. 둘레로 광장과 산책길이 조성되어 있고, 밤에는 환하게 불빛을 켜고 사람들을 맞는다.

선산객사

조선 시대에는 고을마다 객사가 있었다. 객사는 중앙에서 파견된 관리나 외국 사신이 묵던 숙소였다. 숙소라고 하지만 요즘의 여관이나 호텔과는 격이 다르다. 객사는 임금과 궁궐을 상징하는 전패와 궐패를 두고 예를 올리는 장소였으므로 지방 공관 중

가장 높은 지위를 가진다. 숙박 외 지역 연회나 향시(과거시험)를 치르는 등 다양한 용도로 활용되었다. 역시 일제강점기에 대부분 헐렸다.

선산객사는 18세기 조선 시대에 남관, 북관, 청회루, 양소루 등이 있는 큰 규모의 객사로 운영되었다. 그러다가 일제강점기를 거치면서 많은 부침이 있었다. 1914년 원래 자리에 선산초등학교를 지으면서 객사가 해체되었다. 그 일부만 지금 위치(선산읍 행정복지센터 앞)로 옮겨 와 선산면사무소 건물로 사용했다.

그래도 건물 곳곳의 조각들을 찾아 살펴보는 재미가 있다. 특히 지붕 용마루에 용머리와 사자상이 있는데 표정이 참 익살스럽다. 처마 밑에 있는 보 벽면에 붙은 귀신 얼굴이나 코끼리, 낙타, 개 등 이국적인 동물 모양 목조각을 보면 외국 사신이 묵던 객사라는 느낌이 살짝 든다.

단계하위지유허비와 단계천

사육신 하위지가 태어났을 때, 집 앞 개천에 사흘 동안 붉은 물이 흘렀다고 한다. 그래서 하위지의 호가 붉은 시내를 뜻하는 단계丹溪인데, 훗날 단종 복위 시도로 참형을 당한 역사와 맞닿으니 마음이 아리다. 단계 하위지의 유허비는 단계천과 맞닿은 비봉산 자락에 있다. 지금은 오래된 주택단지 골목 안에 있다. 입구에는 마치 고개 숙여 예의를 표하는 듯 오래된 소나무가 서 있다. 하위지의 곧은 절개처럼 쭉 뻗은 돌길을 따라가면 유허비 비각이 있다. 방문했을 때 바닥을 깨끗이 비질한 흔적이 있다. 아픔을 간직한 누군가를, 또 다른 누군가가 보살피고 있다는 생각에 덩달아 위로를 받는 느낌이다.

　단계천은 비봉산 노상리 절골에서 발원해서 선산 도심을 지나 감천으로 흘러간다. 1990년대 선산 도심을 지나는 1킬로미터 구간에 있는 개천 위를 덮어 주차장으로 활용하고 있다.

그러다가 매월 끝자리가 2일, 7일인 날이면 '전통 장터'로 깜짝 변신한다.

선산오일장과 선산봉황시장, 그리고 청년몰

선산장은 조선 전기부터 지금까지 이어져 온 유서 깊은 시장이다. 단계천 입구에 선산봉황시장이 상설로 들어서면서, 봉황시장 주변 복개천 주차장과 도로 위에 오일장이 선다. 장날에 가면, 인근 지역에서 생산되는 제철 과일, 채소, 각종 곡물과 농산물, 제철 물품과 옷가지들이 좌판에 펼쳐진다. 군것질거리는 언제나 인기다. 아이들과 함께 온 가족들도 종종 보인다. 인근에 함께 열리는 선산 우시장에서는 우수한 품질의 소들이 거래된다.

장날을 못 맞추더라도 상설 봉황시장에 가면 전통시장의 맛과 멋을 느낄 수 있다. 그리고 이곳 2층에는 상생 청년몰이 있다. 2017년 청년 일자리를 창출하고 상권을 활성화하기 위한 '상생형 유통모델'로 문을 열었다. 24년 동안 버려져 있던 상가 공간을 청년 상인이 운영하게 하고, 대기업 상생스토어(시장에서 팔지 않는 공산품 위주로 판매)와 어린이 놀이터, 고객 쉼터를 마련했다. 공방, 도예점, 의류점, 헤어샵, 네일아트샵, 음식점, 디저트 가게 등 다양한 상점이 있다. 맛과 멋을 모두 품은 전통시장에 와서 색다른 즐거움을 만날 수 있으니 좋다. 이런 지원사업으로 생긴 곳들이 오래 정착하지 못하고 사라지는 경우가 많다. 그런데 선산 청년몰은 상인회의 지원과 청년 상인들의 열정이 시너지를 내 성공 모델로 소개되고 있으니 더 힘껏 응원하게 된다.

선산향교

선산 읍내를 나와 비봉산 끝자락 교리로 간다. 마을 언덕에는 선산향교가 있다. '교리'라는 지명은 향교가 있는 마을이라는 뜻이다. 향교는 조선 시대 국공립 중·고등학교 같은 곳이다. 유학을 가르치는 교육기관이면서 공자를 비롯해 중국과 우리나라 선현의 위패를 모시고 제사도 지냈다.

선산향교는 조선 전기에 지어졌지만, 임진왜란 때 불타 없어졌다. 이후 선조 33년(1600)에 제사 공간인 대성전을 먼저 지었다. 인조 2년(1624)에 교육 공간인 명륜당·온고재·학습재를 가운데 짓고, 맨 앞쪽에 휴식공간인 청아루와 기숙사인 동재·서재를 지었다. 특히 청아루의 설계가 독특하다. 경사가 심한 언덕 지형을 활용하여 앞에서는 2층인데, 가운데 계단을 지나서 뒤로 가면 명륜당 마당과 바로 연결된다. 청아루에 앉으면 창문 너머로 선산 읍내가 한눈에 보인다. 힘들게 공부하다가 잠시 쉬면서 동무들과 이야기 나누기 참 좋았을 것 같다. 정문이

닫혀 있어서 쪽문으로 잠시 구경할 수 있었다. 교육 기능은 사라지고 제사나 행사할 때만 쓰인다고 한다.

금오서원

감천과 낙동강이 만나는 선산읍 원리에는 금오서원이 있다. '원리'라는 지명에는 서원이 있는 마을이라는 뜻이 담겼다. 향교가 조선 시대의 국공립학교라면 서원은 사립학교이다. 서원은 16

세기 사림과 함께 성장하였다. 사림 선현(학파의 스승)을 배향하여 제사를 지냈고, 향촌 자치기구를 운용하면서 정치적 기반을 쌓았다. 교육의 질이 높아지면서 성균관과 경쟁하는 명문 사립대학의 형태로 성장하였다.

금오서원은 야은 길재를 배향하고자 선조 3년(1570)에 금오산 기슭에 건립했고 선조 8년(1575) 사액서원이 되었다. 사액서원은 국왕으로부터 편액, 사적, 토지, 노비 등을 하사 받아 그 권위를 인정 받은 서원을 말한다. 그러나 임진왜란 때 모두 소실되었는데 금오서원은 임란 10년 뒤인 선조 35년(1602)에 선산 읍지와 가까운 곳인 지금 위치로 옮겨 복원하였다. 광해군 1년(1609)에 다시 사액되어 중건하면서 야은 외에 김종직, 정붕, 박영, 장현광을 추가로 배향하여 모두 5현의 위패를 모시게 되었다. 조선 말 서원의 폐단이 심해져서 고종 때 서원 철폐령이 내렸을 때도 훼철되지 않은 전국 47개 서원 중 하나이다.

금오서원은 길재의 고향 마을을 향해 남향으로 서 있는데 앞쪽으로 감천과 낙동강이 만나는 물길이 내다보인다. 경내에는 다섯 선현의 위패를 모신 상현묘尙賢廟와 학습 강당인 정학당正學堂, 읍청루·동재·서재·내삼문 등이 있다. 매년 봄·가을 두 차례씩 향사享祀를 지낸다고 한다.

임진왜란 때 소실되지 않고 처음의 위치인 금오산 기슭에 그대로 있었다면 어떤 모습일까. 2019년 유네스코 세계문화유산에 '한국의 서원'(9곳)이 등재될 때 금오서원이 포함되지 못해서 아쉽다. 그래도 2020년 서원 내 주요 건물인 정학당과 상현묘가 국가 보물로 지정되어 기쁘다.

일부러 찾기엔 조금 외진 곳이긴 하지만, 금오서원에 방문하면 소소하지만 확실한 즐거움을 하나 얻을 수 있다. 바로 정학당 벽면에 걸려 있는 '칠조' 현판이다. 칠조란 서원에서 지켜야 할 일곱 가지 규칙이다.

一. 떼지어 무례한 짓 하지 말 것

一. 술과 고기는 삼갈 것

一. 서원 건물 주위는 더럽히지 말 것

一. 서책이나 기물을 손상하지 말 것

一. 서원에서 노래하고 춤추지 말 것

一. 의관을 부정하게 하지 말 것

一. 대화는 조용히 하고 음담패설을 하지 말 것

이 칠금을 범한 자, 이미 왔으면 되돌아가고 아직 오지 않았으면 아예 오지를 말라.

예나 지금이나 기숙학교에서 지켜야 할 규칙은 비슷하다는 점이 놀랍다. 그리고 마지막 문장을 보고선 깔깔 웃음이 났다. 이

글귀를 널리 퍼트려, 구미에서 '만' 만날 수 있는 규칙으로 삼으면 어떨까? 구미에 있는 여러 학교나 학원, 회사, 수련장, 음식점 등에서 패러디해서 활용하면 재미있을 것 같다. 이런 소소한 즐거움이 마음을 움직이는 법이다.

독동리 반송

금오서원까지 왔다면, 차로 5분 거리에 있는 독동리 반송도 만나면 좋다. 반송은 소나무의 한 품종으로 나무밑동에서 거의 같은 크기로 줄기가 뻗어 나와 마치 우산이 펼쳐지듯 자란다. 독동리 반송은 위로 13미터까지 자라서 옆으로 20미터 내외로 가지를 뻗은 멋진 자태를 자랑한다. 나이가 400살이 넘었을 반송은 마을이 생기기 전부터 지금 그 자리에 서 있었으리라. 나무 그늘 밑에 앉아, 그 긴 시간 동안 변해 온 세상 이야기를 듣고 싶었다. 하지만 보호수(천연기념물 제357호)로 지정되어 낮은 울타리로 둘러싸여 있다. 가까이 다가가지 못하고 주변에 흔한 의자 하나 없어 느긋한 말동무가 되어 주지 못하니 아쉽다.

송당정사

좀 더 마음을 내 신기리 송당정사에 이르렀다. 낙동강 건너 신라불교초전지 마을과도 가깝다. 송당정사의 주인공, 송당 박영은 독특한 이력을 가진 도학자이다. 무과에 급제한 무인이면서, 뒤늦게 도학을 깨우쳐 김굉필, 정붕, 박영으로 이어지는 송당학파를 일궜다. 전장을 누비면서 죽거나 다치는 동료와 백성을 보면서 한의학을 탐구해 《경험방經驗方》, 《활인신방活人新方》 같은 의술서도 지었다. 실천 지향적인 도학을 강조했던 그의 이력을 보면, 21세기 융합형 인재상이 여기 있는 것이 아닌가 싶다.

송당정사 건물은 참 소박하다. 푸른빛 느릿느릿 흐르는 낙

동강 강가, 푸른 언덕 위에 아름드리 소나무, 몇백 년 고목에 달린 노란 모과, 그리고 명경당 시가 어우러져 한 폭의 그림 같다. 입구에 박영이 심었던 모과나무의 후계목이 250년 동안 10미터나 자랐다. 이렇게 큰 모과나무를 보는 건 처음이다. 박영은 배움터를 지으면서 그 많고 많은 나무 중에 왜 모과나무를 심었을까? 그것은 모과가 기침감기와 구토, 설사에 효험이 있는 약재였기 때문이라고 한다. 백성들이 흔히 겪는 질환이지만 제대로 된 치료법이 없어 고생하는 걸 알고 있던 박영의 마음이 담겨 있다.

형상이 있다하여 있는 게 아니요.
형체가 없다하여 없는 게 아니로다.
진실과 적중해야 진실을 알게 되지니
스스로 쌓은 공 외에 공은 찾지 말라.

有象非爲有 無形不是空 實中知是實 功外莫尋功

송당정사에 올라가는 길목에 박영이 쓴 〈명경당明鏡堂〉 시를 돌에 새긴 시비가 있다. 명경당은 송당의 제자이자 효자로도 유명한 용암 박운이 지은 서재이다. 네모난 연못 옆에 있으며 거울처럼 밝게 마음을 다스린다는 뜻으로 해평면 괴곡리에 있다. 이곳은 당대 선산에 살거나 혹은 선산을 방문했던 도학자들이 모여 학문을 나누던 사랑방이었다.

구미 국보, 죽장리 오층석탑

선산 읍내에서 서쪽으로 약 2킬로미터 정도 떨어진 죽장리에 신라 시대에 창건한 죽장사가 있었다. 크게 번창할 때는 50동이 넘는 전각이 있을 정도로 큰 사찰이었다고 한다. 사찰 입구

를 표시하던 당간지주가 죽장리 마을에 남아 있으니, 빈말은 아닐 것이다. 통일신라 시대에 높이가 10미터나 되는 오층석탑을 죽장사에 세웠다. 그래서인지 죽장사는 조선 중기까지도 선산의 이름난 사찰로 알려졌다. 그런데 언제 어떻게 폐사되었는지는 정확한 기록이 없다고 한다. 아마도 고려 말 몽골 침입 때 크게 화를 입고, 임진왜란 때 전소되지 않았을까 추측할 뿐이다. 이후 몇백 년 동안 빈 절터에 오층석탑만 덩그러니 홀로 서 있다가, 한국전쟁 이후 법당이 생겨 지금은 서황사(옛 법륜사, 이름이 여러 차례 바뀌었다) 경내에 있다.

1970년대 고아읍 봉한리 절터에서 신라 시대 금동여래입상(국보 제182호)과 금동보살입상(국보 제183·184호)이 출토된 적이 있다. 하지만 현재 국립대구박물관에 보관되어 있어 구미시에 있는 국보는 죽장리 오층석탑(국보 제130호)이 유일하다. 죽장리 오층석탑은 8세기 통일신라 시대의 벽돌탑을 흉내 낸 석탑이다. 기본 모양은 일반 석탑과 비슷한데, 층마다 지붕이 되는 옥개석의 윗면과 아랫면이 벽돌 계단처럼 경사를 이루고 있다. 블록을 쌓는 것처럼, 수십 개의 돌조각을 이어 맞춰 완성했다. 기단 남쪽 감실에 작은 부처님상을 모시고 있다. 죽장리 오층석탑은 우리나라 오층 석탑 중 가장 크다고 한다. 3층 건물 정도 높이라고 하니, 그 크기를 실감할 수 있을 것이다. 그런데 가까이 가면 크기에 압도될 것 같으면서도 가만히 보고 있으면 이상하게도 마음이 평온해진다. 크지만 권위적이지 않고, 투박하지만 다채롭고, 부드러우면서도 장중한 힘이 느껴진다. 10미터 높이로 우뚝 솟은 석탑이지만 넓은 잔디밭 경내의 소박한 대웅전과 주변의 숲과 하늘이 석탑과 조화롭게 어우러진다.

구미 농축산·산림 정책의 중심지, 선산

농자, 천하국가지대본. 농업은 천하의 큰 근본이다.

農者, 天下國家之大本

정초가 쓴 《농사직설》의 서문 첫머리 문구이다. 《농사직설》은 우리나라 풍토에 맞는 농사법을 담은, 현존하는 가장 오래된 농서로 평가 받는다. 정초는 당시 조선의 농업 기술을 채록하면서 고향 선산에 보급된 선진 농업 기법을 소개했다. 동시대의 또 다른 선산 출신인 공조참의 박서생은 수차와 물레방아를 제작, 보급하는 총괄책임을 맡아 조선 세종대 농업기술 혁신에 이바지했다.

이러한 전통을 이어받아 구미시청 선산출장소에서는 구미의 농축산업과 산림에 관한 주요 정책을 펼치고 있다. 구미를 대표하는 농산물로는 쌀을 비롯하여 감자, 야콘, 버섯, 메론, 파프리카, 밤고구마 등이 있으며, 모두 구미 농특산물 공동브랜드

'일선정품'으로 유통된다. 또한 구미시 농업기술센터 등을 통해 농축산업에 첨단기술을 접목해 스마트 농업도시로 변화를 일구고 있다. 농업기술센터 내에 농산물 안전분석실, 미래농업교육관, 농기계 임대사업장, 귀농귀촌종합센터, 농특산물 전문 쇼핑몰 구미팜 등이 있어 농업 기술의 개발 및 보급, 교육뿐만 아니라 행복한 농촌공동체를 만들기 위한 다양한 역할을 하고 있다. 센터 내에 농경유물관이 있어서 아이들과 찾아가 볼 만하다.

구미는 도심 부근에 시민들이 즐길 산림자원이 풍부한 편이다. 금오산 도립공원(구미 시내)을 비롯해 옥성 자연휴양림(옥성면), 천생산 산림욕장(임의동), 구미 에코랜드(산동면), 냉산 레포츠센터(해평면), 낙동강 체육공원(양호동) 등 대부분 도심이나 부도심에서 15분 이내 거리에 있어 시민들의 많은 사랑을 받고 있다. 또한 선산 뒷골에 '선산 산림 휴양타운'도 대규모로 조성된다고 하니 앞으로 더 기대된다.

2

고대에서 현대까지,
역사의 흔적을 발견하다

구미 지역에는 언제부터 사람들이 살게 되었을까, 막연한 호기심이 한 번씩 든다. 구석기 시대? 신석기 시대? 구미에서는 아직 구석기 시대에서 신석기 시대에 이르는 유물이나 유적은 발견되지 않았다. 대신 작은 물길을 따라 형성된 충적대지나 고인돌, 석관묘 등과 같은 청동기 시대 유적이 여럿 발견되었는데 그때부터 본격적으로 사람들이 낙동강 작은 물길을 따라 하나둘 조금씩 정착하며 살았던 것 같다.

이후 부족사회가 발전하면서 삼한(마한·진한·변한) 시대에는 소국(성읍국가)으로 성장하여, 구미·칠곡 지역에 '군미국·변군미국軍彌國·弁軍彌國'이 있었을 것으로 추정된다.

다식리 고인돌

고인돌은 청동기 시대 대표적인 유적이다. '구미시 문화유적분 포지도'(2002)에는 고인돌이 25개소에 있다고 하고, 다른 자료에 따르면 16군데 100여 기가 구미시 곳곳에 흩어져 있다고도 한다. 고인돌은 훨씬 더 많이 남았을 수도 있었으나 아쉽게도 새마을 운동 이후 농지 개발이 이루어지면서 많이 옮겨졌거나 사라졌다고 한다. 고아읍 다식리 논밭 가운데 솔숲에는 총 7기 [基]의 고인돌군이 있다. 흔히 고인돌은 잘 다듬은 받침돌 위에 큰 덮개돌을 올려 마치 거인의 탁자처럼 생긴 모습을 떠올린다. 탁자식 고인돌은 북방에서 주로 발견된다고 한다. 고인돌도 여러 형태가 있는데, 남방식은 작은 받침돌을 여러 개 두고 그 위에 덮개돌을 얹은 바둑판 모양이다. 또 받침돌 없이 커다란 돌만 둔 큰돌무덤 형태도 있다. 하지만 다식리 고인돌들은 하부 구조가 매몰되어서 정확히 어떤 형태인지 확인이 어렵다고 한다. 사실 고인돌이라고 하니까 그렇게 보이는 것이지, 아무런 표지판도 없고 관리도 되지 않아 실제로는 커다란 바윗돌이 아무렇게나 놓인 것처럼 보인다. 그렇지만 나름의 질서가 있어서 돌 주축이 남북, 혹은 동서 방향으로 놓여 있다. 그중 한 기에는 성혈이 있다고 한다. 성혈이란 고대 청동기 사람들이 고인돌에 새긴 작은 구멍이다. 주술적 의미로 팠다고도 하고 별자리를 새

긴 것이라고도 한다.

그러고 보면, 흔적이란 참 대단하다. 이곳에 있는 고인돌이 2, 3천 년 동안 그 긴 시간의 기억을 담고 지금 이 자리를 지켜 왔다니, 우리 세대가 남긴 흔적들은 수백 년 뒤 후대가 어떻게 여길지 궁금해진다.

후삼국 통일의 마지막 격전지, 고아

흔적은 지형지물로만 남는 건 아니다. 역사적인 사건들은 마을 이름이나 언어, 풍습으로 그 흔적을 남기기도 한다. '고아'라는 읍 지명을 들으면 '부모 잃은 아이'가 생각날 수도 있겠다. 혹은 '기품이 높고 우아하다'라는 뜻이 떠오르거나, 여행을 좋아하는 사람이라면 인도의 아름다운 휴양지 고아Goa를 연상할 수도 있다. 하지만 이곳의 고아라는 지명에는 후삼국 통일을 이끈 고려의 역사가 흔적으로 남아 있다.

9세기 이후 통일신라는 귀족들의 부패와 왕위 쟁탈전으로 국력이 크게 쇠퇴했다. 혼란을 틈타 서기 900년에 견훤이 후백제를, 901년에는 궁예가 후고구려를 세워 후삼국 시내를 열었다. 후에 왕건은 폭압을 일삼던 궁예를 몰아내고 고려를 세웠다(918). 고려와 후백제는 후삼국 통일의 주도권을 잡고자 각축전을 벌였다. 927년 대구 공산 전투에서는 후백제가 대승을 거두었고, 930년 안동 고창 전투에서는 고려가 크게 승리했다. 935년 후백제에서는 왕위 계승 문제로 내분이 일어나 견훤이 아들 신검에게 쫓겨나 고려에 투항했다. 그리고 고려는 신라의 항복을 받아들여 병합했다. 이듬해 936년 9월, 선산 일리천을 사이에 두고 고려와 후백제는 최후의 결전을 치른다. 이 전투에서 고려는 대승을 거두며 후백제를 멸망시키고 민족 재통일을 이루게 된다. 이때 고려 태조 왕건과 총지휘관이 주둔해 있던 아성이 현재 송림 괴평리 뒷산 매봉산에 있었다고 한다. 아성牙城은 임금이나 대장이 거처하는 성을 부르는 말로, 그 표시로 깃대 끝에 상아[牙]로 장식된 대장기를 꽂아 뒀다고 한다. 그래서 이후 매봉산 주변을 '고려 태조 왕건이 승리의 깃발을 꽂은 아성'이란 뜻으로 고아高牙라 불렀다고 한다.

선산 삼강정려

예나 지금이나 인간관계가 참 어렵다. 가까운 사이일수록 더 힘든 법이다. 성리학의 나라, 조선에서는 '삼강오륜'을 인간관계에서 지켜야 할 도덕 기준으로 삼았다. 충忠, 효孝, 열烈로 집약된다. 그래서 해마다 모범이 되는 충신, 효자, 열녀 등을 발굴해 정려旌閭(일종의 표창)했다.

세종은 백성들이 유교 윤리를 따라 살게끔 《삼강행실도》를 편찬했다. 중국과 우리나라에서 본받을 만한 위인들(충신 113명, 효자 110명, 열녀 95명)의 행실을 글과 그림으로 담은, 일종의 조선 시대 윤리 교과서, 혹은 위인 그림책이다. 대부분은 중국의 위인이고, 우리나라 위인으로는 충신 6명, 효자 4명, 열녀 6명이 실렸다. 그 충신 중 한 명이 야은 길재이다.

1795년(정조 19) 선산부사 이채는 충·효·열의 모범이 되는 사람들이 한 마을(봉계, 현재 고아읍 봉한리)에서 났다면서 충신 야은 길재, 효자 배숙기, 열녀 약가, 이 3인의 삼강정려 비각을 지어 뜻을 기렸다. 현재 선산대로 바로 옆 봉한리 입구(남계초 근

처) 논밭 가운데 잘 보전되어 있다. 아마 당시에는 마을 입구의 가장 잘 보이는 곳에 있어 오가는 사람들의 칭송을 받았을 것이다.

특히 길재와 약가는 같은 시대 같은 고향 사람이다. 두 분이 직접 만난 인연이 있는지 알 수는 없다. 선산 삼강정려에는 최현(선산의 인문지리지 『일선지』를 편찬한 문인)이 쓴 '백세청풍 팔년고등百世淸風 八年孤燈'이라는 편액이 걸려 있었다고 한다. 백세청풍은 길재를, 팔년고등은 약가를 뜻하는 말이다. 편액이 현재

성리학역사관으로 옮겨졌다는데, 모사품이라도 만들어 원래의
정려각 자리에도 걸어 두면 좋을 것 같다. 길재의 이야기는 이
책에서 많이 다뤄서 여기서는《삼강행실충신도》에 실린 내용을
다듬어 소개한다.

> 길재항절(吉再抗節, 길재가 끝까지 절개를 지키다)/고려
>
> 주서 길재가 관직을 버리고 집에 갔는데, 태종이 동궁 시절
> 에 불렀다. 정종께 여쭤 봉상박사(벼슬)를 하게 했다. 길재가
> 상서하기를, "제가 고려 때 급제하여 문하주서를 했으니, 신
> 하가 두 임금 없으니 시골에 놓아 보내시면 늙은 어미 봉양
> 하고 두 성 아니 섬기는 뜻을 이루고 싶습니다"라고 했다.
> 정종이 돌려보내시고 집을 나라에서 보살피라 하시었다. 태
> 종 18년(1418)에 세종이 즉위하시자 태종의 명을 받아서 (길
> 재의) 아들을 벼슬 시키시고 나중에 좌사간대부를 추증하시
> 었다.

약가는 1404년(태종 4)에 열녀로 포상되었다. 훗날《속 삼강행실
도續三綱行實圖》에 실려 많은 이의 본보기가 되었다.《속 삼강행
실도》는《삼강행실도》편찬 이후 새로 발굴한 충신 6인, 효자 36
인, 열녀 28인의 사례를 추가하여 속편으로 발간한 것인데, 여
기에 실린 약가 이야기를 다듬어 소개한다.

약가는 선산 사람으로, 조을생의 아내이다. 을생이 왜적에 잡혀가서 죽었는지 살았는지 몰라, 고기와 마늘을 먹지 않고 옷을 벗고 편히 자지도 않았다. 부모가 다른 남자와 혼인시키려고 했지만, 약가는 죽음을 맹세하고 그 뜻을 따르지 않았다. 여덟 해 만에 조을생이 살아 돌아와 둘은 다시 부부가 되었다. ―《속 삼강행실도》, 〈약가정신藥哥貞信〉

현대의 관점에서 열녀는 억압된 가부장제도 아래에서 여성의 희생과 고통을 강요한 유교 사회의 폐단을 상징한다. 약가도 남편을 잃고 재혼을 거부한 채 정절을 지키는 정부貞婦(열녀)의 표상으로 제시되었을 것이다. 하지만 약가 이야기는 그 너머에 묘한 구석이 있다. 팔 년 동안 밝혀온 외로운 등불(팔년고등八年孤燈)은 사랑하는 님편을 믿고 기다리던 약가에게도, 사랑하는 아내를 떠올리며 죽음의 문턱을 건너 살아 돌아온 을생에게도, 삶을 지탱해 주는 빛이 되었을 것이다. 때론 바람이 불어 꺼질 듯 흔들릴 때도 있었겠지만, '서로를 향한 믿음'은 불씨를 살려 결국에는 둘이 다시 만나 행복한 삶을 누리게 해 주지 않았을까.

배숙기는 조선 성종 때 문과에 등제해 홍문관저작의 자리까지 올랐다. 그는 부모를 밤낮으로 극진히 모시며 잘 봉양했고, 부모의 뜻을 한 번도 어긴 일 없이 존중하며, 바른 말과 행동을 실천해 부모가 욕되지 않게 했다. 이렇듯 능양能養, 존친尊

親, 불욕不辱이라는 3가지 효를 모두 실천한 탁월한 효행으로 모든 이의 존경을 받으며 이름을 떨쳤다.

길러 준 부모님을 위한 효심, 시묘암

'효도'에 관해 곱씹어 볼 만한 이야기로, 선산 삼강정려와 가까운 접성산 산림욕장 가는 길에 '시묘암侍墓巖'이라는 바위에 얽힌 이야기가 있다. 조선 성종 때 영의정 심회는 양부모인 강거민康居敏 부부의 부고를 듣고 몹시 슬퍼했다. 나이 쉰넷의 영의정이 양부모의 시묘살이를 하러 관직을 내려놓겠다고 하니 주위에서 말렸다. 그러자 심회는 "나를 낳아주신 분도 부모요. 나를 길러주신 분도 부모와 다름없다"라며 일갈했다.

여기에는 사연이 있다. 태종 이방원은 외척을 견제하고자 세종의 장인인 영의정 심온을 역적으로 몰아 제거했다. 이때 심온의 세 살짜리 아들 심회가 죽임을 당할까 봐 그 유모가 심회를 등에 업고 정처 없이 도망쳤다. 어느 날 선산 망장(현, 고아읍 대망리)에 이르러 해가 저물었다. 사람들의 눈을 피해 삼밭에서 하룻밤을 지새울 작정이었다. 이때 망장에 살고 있던 강거민과 아내가 삼밭에서 용이 하늘로 올라가는 꿈을 꾸었다. 이상히 여겨 부부가 초롱불을 들고 삼밭으로 가보니, 쓰러지기 직전의 유모가 아이를 안고 있었다. 부부는 아이를 집에 데리고 와 양자로 삼고 친자식처럼 키웠다. 이후 심회가 열다섯 살이 되었을 무렵 친부의 결백이 밝혀졌다. 조정에서 전국을 수소문하여 심회를 찾아 한양으로 다시 불러들여 관직을 주었고, 그리하여 영의정 자리에 오른 것이다.

심회는 선산으로 내려와 6년 동안 온 정성을 다해 양부모의 산소를 돌봤다고 한다. 무덤 근처 사람이 겨우 다리를 뻗을 정도로 좁은 바위틈에 머물며 시묘살이를 했다 해서 그 바위를 시묘암侍墓巖 또는 거류암居留岩이라 불렀다.

사람과 사람, 인간관계에서 중요한 것들

선산 삼강정려와 시묘암을 애써 소개했지만, 사람들에게 한번 찾아가 봐야지 하는 마음을 불러일으킬 수 있을까? 조선 시대의 윤리·도덕 기준인 삼강(충·효·열) 자체가 현대의 시각으로는 고리타분해 보일 수 있다. 삼강은 이제 고리타분한 봉건 시대의 사고방식으로 서당 풍경을 재연할 때나 혹은 꼰대처럼 희화화하는 소재로 쓰이곤 한다. 게다가 어느 한 시각에서는 불합리한 병폐로 받아들여지기도 한다.

그러나 사람과 사람 사이, 관계를 맺으면서 서로 지켜야 할 도리에 대한 고민은 지금도 계속된다. 학창 시절 교과서로 배웠던 오륜을 다시 떠올려본다. 부자유친父子有親, 부모와 자식 사이에는 친함이 있어야 하고, 군신유의君臣有義, 국가와 국민 사이에는 의로움이 있어야 하고, 부부유별夫婦有別, 부부 사이에는 분별과 존중이 있어야 하며, 장유유서長幼有序, 어른과 아이 사이에는 질서와 차례가 있어야 하고, 붕우유신朋友有信, 친구 사이에는 믿음이 있어야 한다. 개개인의 존엄성을 인정하고 인간관계가 서로 소통하는 관계라고 한다면, 사람과 사람 사이에 친함이, 의로움이, 분별과 존중이, 질서와 차례가, 믿음이 필요하다는 말은 오늘날의 현대적 해석으로도 충분히 활용할 수 있는 윤리·도덕이지 않을까.

매학정 일원과 강정습지

고아읍 숭선대교가 지나는 강정마을, 낙동강 강가에는 홀로 우뚝 솟은 언덕이 있다. 그 언덕 중턱에 아름다운 풍경을 자랑하는 '매학정'이 있다. 매학정은 조선 시대 초서 명필가로 유명한 고산 황기로가 지은 정자다. 매화나무를 심고 학을 길렀다는 이야기가 전해지기도 한다. 황기로의 호를 따서 언덕 이름을 '고산孤山'이라고 부르기도 했단다.

황기로는 고아읍 대망에서 태어나 열네 살에 진사가 될 정도로 뛰어난 인재였지만, 자신의 아버지가 조광조의 탄핵에 동조한 것을 부끄러워하여 벼슬에 나가지 않고 고향에서 학문과

서도에만 정진하였다. 그 시대에 글씨를 잘 쓴다는 것은 시문과 학문에 매우 뛰어났다는 의미이다. 황기로는 초서의 대가로, 변화가 크고 과장되게 쓰는 흘림글씨(광초)가 실처럼 끊어지지 않고 이어지면서도 절제된 필획이 특징이라고 한다. 그의 작품을 보면 마치 글씨가 그림 같다는 느낌이 든다. 황기로가 쓴 이군옥시李羣玉詩와 차운시次韻詩는 보물 1625-1, 2호로 지정되어 있다. 금오산을 오르다 보면 '금오동학金烏洞壑'(기암괴석으로 둘러싸여 경치 좋은 금오산)이라는 글자가 새겨진 큰 바위를 만나는 데 각각 가로, 세로 약 1미터 정도 되는 크기의 글자다. 이 글씨 또한 고산 황기로의 작품이다.

황기로는 율곡 이이와 가까운 사이였다. 그 인연으로 그의 동생 이우를 사위로 맞이한다. 옥산 이우는 어머니 신사임당의 예술 감수성을 이어받았다. 거문고琴, 글씨書, 시詩, 그림畵을 모두 잘해서 사절四絶이라 불렸다. 황기로와 이우는 매학정에서 함께 풍류를 즐기곤 했다고 전해진다.

호리병 기울여 모래사장을 쏟아 놓고
모래톱 에워싸고 맑은 여울이 소리 내어 흐르네.
외로운 학 한 마리 소나무 끝에 앉아 울고
꿈속 강을 돌아 달 위로 올라간다.
돌 위에 걸터앉아 거문고를 타고

소나무 바람과 잇닿아 멀리 울리노라.

갑자기 학이 춤추는 모습을 보고

맑은 강 동쪽에 달이 솟아오른다.

壺傾籍沙眠 繞沙淸灘響 孤鶴叫松梢 夢回江月上

彈琴石榻上 逸響連松風 遽看鶴舞影 月出淸江東

옥산 이우의 〈매학정〉 시를 읊으면, 달밤 학이 춤추는 매학정
풍경이 절로 떠오른다. 학鶴과 두루미는 같은 새이다. 천연기

넘물 재두루미와 흑두루미가 겨울철 머물고 간다고 소문난 구미 해평습지가 바로 매학정 근처다. 그러니 자연환경이 지금보다 훨씬 좋았을 시절에, 매학정에서 학(두루미)을 보는 건 어렵지 않았을 것이다. 만약 황기로가 심고 가꿨을 매화나무가 고목으로 지금까지 남아 있다면 더 멋스러웠을 것 같다. 아쉽지만 매학정은 임진왜란 때 불에 타 폐허가 되었다가 다시 지은 것이다.

최근 매학정 일원이 정비되어 앞뜰에 홍매화, 백매화 나무가 자라고 있다. 봄이 되면 활짝 핀 매화꽃이 매학정을 더욱 빛낸다. 다만 매학정에서 바라보는 강 풍경은 살짝 아쉽다. 강과 하늘이 맞닿은 부분에 숭선대교가 가려 아쉽고, 4대강 사업 전에는 많았던 낙동강 강변 모래톱이 지금은 보이질 않아 아쉽다. 하지만 이런 아쉬움을 해소할 멋진 전망 장소가 있다. 매학정에서 내려와 강정 양수장으로 이어지는 데크길에서 바라보는 풍경이다. 때 묻지 않은 강정습지와 낙동강, 건너편 냉산이 한눈에 보이는 풍경이 참 아름답다. 아침·저녁놀이 지거나 안개가 끼는 날이면 운치가 더 특별하다.

들성 마을의 인물

마을 안에 큰 못이 있어서 '원호元湖', 마을에 이름 높은 선비가 많이 나와서 '문성文星'이라 불렀다고 한다. 원호리와 문성리를 합쳐 이 일대를 '들성(평성)'이라고도 한다. 주변 산이 큰 들을 둘러싸서 마치 성을 이룬 것 같다는, 혹은 들 안에 성이 있었다는 뜻이 담겨 있다.

오래된 마을답게 이곳 출신 인물을 기리는 재사가 곳곳에 있다. 재사齋舍나 재실齋室은 학문과 덕행, 충효가 뛰어난 인물이나 입향조(마을을 처음 일군 사람), 중시조 등을 추모하는 제사를 지내기 위해 묘소나 사당 인근에 지은 건축물을 말한다. 원호리의 한 주택지에는 고려 말 충신이었던 이여량의 재실인 퇴경재退耕齋가 있다. 그는 고려 말 우왕의 기행을 보고 직언하였다가 좌천되었고, 조선왕조가 열릴 때는 부름에 참여하지 않았다. 그의 의지는 절의문節義門(절개와 의리)과 불이당不二堂(두 임금을 섬길 수 없음)이란 건물의 이름에서도 느낄 수 있다. 이곳은 대체로 문이 열려 있어서 누구나 맘 편히 드나들 수 있다. 100년이 넘은 퇴경재의 단아한 건물과 잘 정돈된 마당이 고즈넉해서 거닐면 기분이 참 좋아진다.

대월재와 칠암재

대월재對越齋는 조선 중기 청백리이자 대사간(조선 시대 언론담당 관청인 사간원의 장)을 역임한 구암 김취문이 학문을 닦고 제자를

길렀던 곳이고, 충렬재忠烈齋는 그의 아들 김종무의 재사이다.

김종무는 사근도沙斤道(현 경남 함양) 찰방察訪(조선 시대 교통 통신 기관인 역참을 담당하는 관리)이었다. 임진왜란 초기 왜군이 파죽지세로 북진할 때, 나라를 구하고자 하루 수백 리를 달려가 상주 북천 전투에 참전하였으나 수적 열세를 못 이기고 장렬히 순절하였다. 이에 상주 충렬사와 구미 남강서원에 배향해 모시게 되었고, 김종무 충신정려각을 세워 그 공을 기렸다.

원래는 원호리 곳곳에 따로 세워져 있었는데, 택지개발로 일가가 한곳에 모이게 되었다. 들성로 원호의 한 아파트단지 옆, 높다란 계단 위에 자리 잡은 기와집들이 그곳이다. 대월재 현판이 참 멋진 필체지만, 일반인들은 쉬 들어가지 못하는 공간이 되어 아쉽다.

칠암재七巖齋는 조선 정조 시대에 한성부 좌윤(종 2품 관직. 현재 서울특별시 부시장과 비슷한 직위)까지 오른 칠암 김몽화의 재실이었는데, 최근에는 한옥 카페로 운영되고 있다. 앉는 자리마다 세월의 향기가 절로 뿜어져 나온다. 둘러보니 차를 마시며 두런두런 이야기를 나누던 연인들이 칠암재 한옥을 배경으로 사진을 찍으며 즐거워한다. 한 사람을 기리는 닫힌 공간(재실)이 열린 공간(카페)으로 펼쳐져 새로운 추억의 장소로 다가가는 것 같아 이 또한 칠암을 기리는 또 다른 방법이라 여겨졌다.

김유영 감독 기념비

원호초등학교 뒤편에는 이 마을 출신인 김유영 영화감독의 기념비가 있다. 김유영 감독은 무성영화에서 유성영화로 넘어가던 1920~1940년대 한국영화사 초창기에 활동하였다. 이 시기 조선 내 주요한 문예사조 중 하나였던 카프KAPF(조선 프롤레타리아 예술가 동맹) 최초의 영화 〈유랑〉(1928)의 연출을 맡는 등 일제강점기 핍박받던 노동자와 농민의 삶을 영화화하는 데 힘썼고, 조선영화제(현 청룡영화제 전신) 창립을 주도하는 등 일제강점기 영화예술 분야에 큰 업적을 남겼다. 1940년 자신이 감독한 〈수선화〉의 개봉을 앞두고, 32세의 젊은 나이에 지병으로 갑작스레 세상을 떠났다. 기념비 옆에는 그의 대표작인 영화 〈유랑〉, 〈화륜〉, 〈애련송〉, 〈수선화〉의 주요 영화 장면이 새겨진 조형물이 자리하고 있다.

영남 판소리의 대가, 명창 박록주

해마다 5월 말이면 '명창 박록주 전국국악대전'이 열린다는 현수막이 구미 시내 곳곳에 걸린다. 구미와 국악대전, 조금은 생소한 조합에 박록주 명창이 어떤 분인지 더욱 궁금해진다.

명창 박록주(1905~1979)는 구미 고아에서 태어났다. 열두

살 때 근대 판소리 5대 명창으로 손꼽히는 박기홍 명창에게 소리를 배운 뒤, 당대 최고 명창이던 김창환, 송만갑, 김정문, 정정렬, 유성준으로부터 〈춘향가〉, 〈심청가〉, 〈흥보가〉, 〈수궁가〉, 〈적벽가〉 등을 차례로 배웠다. 그래서 명문 법통 소리를 두루 익힌 전통 소리꾼이자 자신만의 소리 세계를 창조한 명창이 되었다. 1926년 경성방송국 국악방송에 출연하고 음반 활동을 하면서 큰 인기를 끌었다. 그녀는 《동백꽃》의 작가 김유정의 지독한 짝사랑을 받았던 일화로도 유명하다. 지금으로 치면 스토킹이라 할 만큼 김유정의 행각은 심각했다고 한다.

그녀는 1934년 조선성악연구회를 창립하여 판소리와 창극 발전에 공헌했고, 1948년에는 여성국악동호회를 만들어 여성 국극을 선보이기도 했다. 1964년에 국가무형문화재 제5호 판소리 〈흥보가〉 예능보유자(인간문화재)로 지정받았다. 1973년에 판소리보존연구회 초대 이사장을 맡아 판소리 전승과 보급에 힘썼다. 그녀는 호남 출신이 많은 판소리계에 드물게 영남 출신 소리꾼이었다. 단단하고 무게 있는 목소리로 선이 굵고 맺고 끊는 창법을 구사해 동편제 소리의 맛을 제대로 구현한 명창으로 인정받았다. 일제강점기 명창들의 법제와 더늠을 이어받아 후대에 계승했다고 평가받는다. 후진 양성에도 힘써 한농선, 박송희 명창 등 많은 제자를 뒀고, 〈박록주제 흥보가〉는 가장 많이 불리는 흥보가 유파라고 한다.

일제강점기부터 한국전쟁과 군사정권까지, 격변기 시대를 소리꾼으로 살면서 곡절이 참 많았을 것이다. 특히 판소리가 대중의 관심에서 점점 멀어져, 말년에는 서울의 월세방에서 홀로 쓸쓸히 보냈다고 한다. 인생을 되돌아보며 지은 가사에 제자인 박송희 명창이 곡을 붙였다. 이렇게 탄생한 단가 〈인생백년〉을 소천하시기 한 해 전(1978)에 고향 선산 공연에서 불러 눈물바다로 만들었다고 한다. 박록주 명창 기념비(선산읍 노상리 어린이공원)와 노래비(고아읍 관심리 선산대로변)에 그 가사가 써 있는데, 박송희 명창의 소리로 찾아 들으면 더 애잘하다.

인생백년

인생백년이 어찌 이리 허망하냐
엊그제 청춘 홍안이 오늘 백발이로다.
인생백년 벗은 많지만
가는 길엔 벗이 없어라
그러나 설워 마라
우리의 가는 길은 그지없으매
인생무상을 탓하지 않으려니
(박록주 여사 기념비, 선산읍 노상리)

여우못 이야기를 품은 들성생태공원

원호·문성 지역이 머물고 싶은 주거 지역으로 주목받는 데에는 큰 못을 품은 들성생태공원이 큰 몫을 한다. 예전에 저수지 둑길을 따라 나들이할 때는 버려진 낚시터 같은 느낌이었는데, 못 주변을 정비해서 둘레길을 만들고 꽃과 나무를 심어 생태공원으로 바뀐 뒤로는 사계절, 시민들이 즐겨 찾는 휴식처가 되었다. 앞으로 근처에 수영장을 포함해 생활체육센터가 들어서면, 더욱더 사랑받는 명소가 될 것이다.

〈독도는 우리 땅〉 노래로 더 익숙한 《세종실록지리지》에도 기록되어 있을 정도로 이 못의 역사는 깊다. 못 이름이 '호제 狐堤'(여우못)인데 예부터 내려오는 전설이 있다. 내려온 전설에, 살을 보태 다시 고쳐 풀어 써 본다.

옛날 옛적 조선 초기 어느 날, 마을 앞 늪 둘레에 짚이 나란히 놓여 있었다. 마을 사람이 보고 불쏘시개로 쓰려고 가져가려는데 꿈적하지 않았다. 다음 날 다시 와 보니 짚이 두 배로 늘어나 있었다. 짚을 옮기려 했지만 여전히 꿈적하지 않았다. 별일이라 수군댔지만 웬일인지 알 수 없었다. 다음 날, 짚이 또 배로 늘어나 있었다. 그런데 이번에는 똑바로 서 있는 것이다. 누군가 이상하니 여우짓이라 했다. 그러고 보니 간밤에 여우가 몹시 울었다. 그때 마을 어르신이 달려와 말했다. 간밤에 꿈속에서 여우가 나타나 "둑을 쌓아라"라고 했다는 것이다. 그래서 사람들은 짚이 놓여 있던 자리에 둑을 쌓았다.

이듬해 여름, 큰비가 내렸다. 다른 곳에서는 비 피해가 컸지만, 이 마을 사람들은 둑을 쌓은 덕분에 무탈하게 지나갔다. 마을 사람들은 모두 여우 신령 덕분이라고 칭송하며 '여우못'이라고 불렀다.

세월이 흐르며 못을 깊이 파고 둑을 높이 쌓아 지금처럼 깊고 넓은 호수가 되었다. 큰비가 내려 둑이 종종 터질 때가 있었는데 그런 해 봄이면 꼭 앞산에서 여우가 몹시 울었다고 한다. 그래서 마을 사람들은 여우가 우는 봄이면 여름이 오기 전에 둑을 튼튼히 하여 피해를 미리 막을 수 있었다.

마을 사람들은 마을에 풍요를 가져다주는 여우 신령을 위해 여우 사당을 짓고, 해마다 제사를 지내며 기렸다. 그 후로는 한 번도 둑이 무너진 일이 없었다고 한다.

우리나라 옛이야기나 민담, 전설에는 여우가 많이 등장한다. 실제 우리나라에 여우가 많이 살아서였다. 그런데 일제강점기와 한국전쟁, 산업화 시대를 겪으면서 숲이 많이 훼손되었고 생태계 최상위 포식자 중 하나인 한국여우도 그렇게 사라져 버렸다.

대대로 이어지던 '여우못제'도 1960~1970년대 산업화 시기에
중단돼 없어졌다.

들성생태공원을 조성하면서 여우못 이야기를 불러와, 공원
내 공터 이름을 '여우광장'이라고 짓고, 못 가운데 섬에는 여우
꿈이 서린 정자라는 뜻으로 '몽호정夢狐亭'을 세워 그 현판에 옛
전설을 새긴 것은 멋진 일이다.

못 가운데 작은 섬은 원래부터 있었다. 생태공원을 만들 때
이 섬을 잇는 산책길을 낸 건 탁월한 설계였다고 생각한다. 물

위로 난 산책길을 걸으며, 오래된 소나무와 정자가 있는 섬으로 다가간다.

여우는 이야기를 낳는 동물이다. 그래서 몽호정으로 들어가는 산책길이 조금 더 특별했으면 좋겠다. 배다리나 징검다리를 밟으며 건너간다든지, 볏짚을 세우거나 요술 주문을 외워야 들어갈 수 있는 섬 문이 있다든지 말이다. 들성지에는 수달도 살고 있다. 아이들이 여우와 수달을 향해 '여우야, 수달아 뭐하니' 하며 노는 재미난 상상을 해 본다.

사라진 이야기숲, 그리고 새로 생겨날 도시 공간

운영하는 유치원 가까이 동네 뒷산이 있다. 숲에서 놀다 보면 재잘재잘 이야기꽃이 피어나 '이야기숲'이라고 불렀다. 그런데 어느 날 갑자기 굴착기가 나타났다. 굉음을 일으키며 거대한 기계손을 휘둘렀다. 나무를 부러뜨리고 흙을 파헤쳤다. 도시개발로 순식간에 숲이 사라지며 추억의 공간도 사라졌다. 마음이 참 아팠다. 그래서 아이들과 이별식을 했다. 그림을 그리고 편지를 쓰고 노래를 부르며, 이야기숲을 떠나보내는 마음을 전했다.

원호·문성 지역은 1990년대 후반 싸리고개에 원호지구 아파트단지가 생기면서부터 20여 년간 계속 공사 중이다. 그 사이 누군가의 삶터였을 마을, 집, 길, 나무, 추억 들이 사라졌다. 그리고 그 위에 새로 지은 아파트단지, 주택단지, 상가는 또 누군가의 삶터가 되었다. 이야기숲도 색다른 공원 놀이터로 탈바꿈해서 인기를 누릴지도 모르겠다.

개발은 시간과 공간을 무 자르듯이 싹둑 잘라, 옛것과 새것을 구분 짓는다. 그러나 사라지는 것들 위에 새로 생겨나는 과정을 바라보고 기록하는 것은 중요한 일이다. 그래야 옛것과 새것이 조화롭게 공존하는 도시재생을 위한 감수성을 키울 수 있을 것이다. 지난 삶의 흔적이 완전히 사라지지 않도록 여우광장, 몽호정처럼 옛 이야기를 담은 공간이 우리 곁에서 함께 이어질 수 있는 것처럼 말이다.

눈앞에 빤히 보이는 길인데도 딱히 가지 않게 되는 길. 한 번쯤은 그 길을 걸어보는 것도 괜찮을 것 같다. 미루기만 하다 보면 어느새 사라질 수도 있다. 낯선 길을 걸어보며 그 길의 인연이 어디로 이어질지 기대해 보는 것도 꽤 즐겁다.

3

구미를 지나
한양으로 가는 길

춤 무舞, 새 을乙, 춤추는 새라는 뜻의 무을면은 새가 춤추는 모양의 지형에서 생겨난 이름이다. 무을면으로 향하는 길에 마을의 시작을 알리는 것은 넓게 펼쳐진 무을저수지다. 안곡리에 자리 잡고 있어 안곡 저수지 혹은 안곡지라고 불리기도 하는 이곳은 저수지 주변을 따라 걸을 수 있는 수변 산책길이 마련되어 있다. 강렬한 여름 햇빛 아래에서 내내 반짝이는 저수지, 그리고 고개를 들어 멀리 펼쳐진 연악산과 울창한 느티나무의 풍광을 바라보자면 왜 무을면이 '가보고 싶은 농촌 마을 100선'(농촌진흥청, 2010)에 선정됐는지 짐작할 수 있다. 날아가는 새뿐만 아니라 과거를 보러 가던 선비들도 쉬어갔다던 무을은 여전히 자

연의 아름다움을 그대로 간직하고 있다.

영남대로

이중환의 《택리지》에 "조선 인재의 반은 영남에 있고, 영남 인
재의 반은 선산(구미)에 있다"라고 한 것처럼 구미/선산 지역에
는 인재가 많았다. 그런데 그때의 많은 선비들은 어떤 길을 통
해 과거를 보러 갔을까? 그 해답은 바로 영남대로에 있다. 영남
대로는 한강과 낙동강을 잇는 주요 교통로였고 부산과 서울을
잇는 최단 거리 길이었다. 영남대로는 원래 구미를 거치지 않았
지만 조선 시대에 영남대로를 개편하면서 구미를 지나게 되었
다. 낙동강이 지나는 구미에는 배를 띄울 수 있는 나루가 많았
고, 비가 적게 내려 길을 내기에도 알맞은 기후 환경이었다. 사
람이 많이 다니는 곳에 자연스럽게 물자가 모여 선산과 인동은
영남대로의 발전과 함께 성장했다. 특히 인동과 선산은 낙동강
수로와 연결되어 있어 물류 중심지의 역할을 담당하기도 했다.

조선 시대에 이르러 영남대로를 대대적으로 개편한 것은
태조 이성계였다. 전국의 주요 도시와 한양을 연결하고 중앙의
명령이 신속히 지역으로 전달되게 하고, 지방에서 거둬들이는
각종 세금과 민원도 전달받으며 자신의 왕권을 강화하기 위해
서였다. 영남대로는 '왕에 이르는 길'로서의 역할 뿐 아니라 백

성에게도 다방면으로 활용되었다. 물건을 파는 보부상의 길이기도 했고 관리들이 지방과 한양을 오가는 길이었으며 일본으로 건너갈 통신사들이 먼저 부산으로 내려가기 위해 이용하는 길이기도 했다. 해외의 많은 문물 또한 부산에서 영남대로를 통해 내륙으로 전해졌으므로 영남대로에는 새로운 문물과 외국에서 온 사람들로 자주 북적였다. 영남대로에 연결된 구미/선산 지역은 인재의 요람이라는 명성에 걸맞게 많은 인재를 중앙으로 배출했고 반대로 중앙에서는 관리를 파견해 지역의 세력을 감시했다.

안곡리 역참마을

그 흔적이 무을면 안곡리에 남아있다. 무을면 안곡리는 안곡역이라는 역마촌이 있던 곳이다. '안실'이라고 불리기도 했던 이곳은 선산과 김천에서 추풍령 혹은 문경새재를 거쳐 한양으로 가는 중간에 쉬어가는 곳이었다. 선비들이 한양으로 과거를 보러 가면서 묵어가는 곳이기도 했고 나그네가 잠시 짐을 풀고 쉬는 곳이기도 했다. 한양으로 향하는 두 개의 길 중 추풍령을 통하는 길은 추풍낙엽처럼 과거에서 떨어진다는 이유로 선비들이 꺼려해서 문경새재를 통해 한양으로 과거 시험을 보러 갔다고 한다.

안곡역은 사라졌지만, 그 터와 안곡역의 존재를 증명하는 우물은 안곡리 마을에서 볼 수 있다. 안곡리 마을 입구에는 수령 600년이 넘는 느티나무 다섯 그루가 마을을 지키고 있다. 그 옛날, 선비들이 이곳을 거쳐 과거 시험을 보러 갔던 모습이 안곡리 마을 곳곳에 벽화로 그려져 있다. 마을 전체를 감싸 안듯 울창하게 뻗어있는 느티나무와 그 아래 우물을 보니 물을 길어 목을 축이고 나무 그늘 아래 잠시 앉아 쉬어가기에 충분히 아늑해 보였다. 안곡역에서 쉬어가던 선비들이 우물 옆에 작은 돌탑을 쌓아 과거 급제를 기원했다고 하는데, 지금도 안곡리 우물 옆에는 작은 돌탑이 쌓여 있다. 선비들의 간절한 기원처럼 지금도 여전히 마을 사람들과 그곳을 찾은 사람들이 저마다 기원을 담아 돌탑을 쌓고 있다.

안곡리 우물 옆에는 실제 안곡역에서 썼던 우물을 옛 방식대로 복원하는 과정을 담은 사진을 게시해 놓았고, 마을의 유래, 주세붕과 이황의 시를 바위에 새겨 놓았다.

매년 안곡역을 지날 때마다
몇 번이나 역 앞으로 흐르는 물을 길었던가
머리 위에는 구름이 흘러가고
시 구절 고치니 어느새 가을이 되었네
벼슬아치들은 말이 병들었다고 나무라고

우리들은 손님 많은 것을 원망하네
잠깐 등불 앞에서 쉬어
고금의 시름 유유히 흘러가네
— 주세붕, 〈안곡역〉

백운동 서원을 세운 주세붕이 안곡리 역참에서 일하는 역리들의 고단함을 표현한 시인데, 손님이 너무 많아 역리들이 힘들었다는 이야기를 통해 안곡역이 얼마나 번성한 곳이었는지 짐작할 수 있다. 안곡리 우물은 바위틈에서 새어 나온 물로 물맛이 좋았다는 이야기가 전해진다고 하는데, 주세붕도 여러 차례 길어 올려 마신 뒤 시로도 남겼으니 그 물맛이 실제 어땠는지 궁금하다.

영남대로 중에서도 안곡역은 동쪽의 선산과 남쪽의 김천을 이어주는 결절지여서 사람들의 이용이 잦은 역이었다. 주세붕뿐 아니라 점필재 김종직, 퇴계 이황 등 조선 시대 많은 유학자들이 안곡역에 들렀다가 글을 남긴 이유다. 바위에 새겨 놓지는 않았지만 오늘날의 김천인 개령의 현감이었던 아버지 김수작의 명으로 새벽에 안곡역으로 절도사를 맞으러 나갔던 김종직이 정강수에게 지어 주었던 시도 남아 있다.

날라리 소리 속에 고삐 안장 정비하고

절도사 행차 맞이하려 하매 역정驛亭이 멀기만 하네
거친 마을 십 리에 등불은 창을 뚫는데
이지러진 달 오경에 서리가 신에 찼다
토끼를 잡고 여우를 치매 참으로 흥취 있는데
솔을 심고 대를 묻기에 어찌 집이 없겠는가
시내 건너 수염이 언 늙은이 부끄러워했나니
코 골며 달게 자던 잠 새벽 피리 소리에 깨다.
— 김종직, 《점필재집》 중 〈정강수에게 부치는 글〉

이들이 한양을 오갔던 옛길은 더 이상 찾아볼 수 없다. 일제강
점기에 도로가 개편되고 경부선 철도가 건설되면서 영남대로는
기존의 기능을 상실했고 국도와 고속도로, 철길이 새로 생기면
서 '사람이 걷는 길'은 지워졌다. 안곡리 옛길은 지금의 무을저
수지를 관통하는 길이었지만 1960년 무을저수지를 만들며 그
옛길도 찾아볼 수 없게 되었다. 문헌에도 한양으로 향하는 안곡
리 옛길이 정확히 남아 있지 않아 전해 내려오는 이야기를 따라
기억을 더듬어 흔적의 일부를 찾을 뿐이다. 조선의 흥망을 함께
한 영남대로, 그리고 과거를 보러 가는 선비와 나그네들의 쉼터
였던 안곡역은 일부의 흔적과 이야기로만 남았다.

    볕 좋은 날 유유히 안곡리를 한 바퀴 걸으며 이곳에서 발길
을 멈추고 쉬어갔던 옛사람들의 마음을 짐작하는 것이 그다지

어렵지 않았다. 바쁜 하루 잠깐의 틈을 내어 안곡리에서 울창하게 뻗은 나무와 그 사이를 가로지르는 바람과 그 바람 따라 부서지는 저수지의 윤슬을 느껴보기를 권한다. 안곡역에 어울리는 시 한 편, 저절로 떠오를 지도 모르겠다.

수다사

아침에 차 한 잔 하고 산책을 했습니다. 숲속의 온갖 새들이 여기저기서 지지배배 떠들어 댑니다. 고요한 숲속의 정적을 깨뜨리는 것이 참으로 미안했습니다. 가랑비가 서서히 내리기 시작합니다. 어제 붉었던 아름다운 꽃 오늘 아침에 다 지고 말았습니다.

수다사水多寺의 주지인 법매 스님의 시집 〈머물다 떠난 자리〉의 '시인의 말'에서 옮겨 온 글이다. 수다사로 걸어 들어가노라면 스님의 말씀을 이해할 수 있다. 고요한 숲으로 둘러싸인 수다사는 새들의 지저귐과 바람에 스치는 나뭇잎들의 싱그러운 소란 외에는 아무것도 들리지 않는다. 그러나 지금의 평화와 고요가 있기까지 수다사는 외침과 혼란으로 나라가 위기에 처했을 때 나서서 나라를 지킨 치열한 역사를 품고 있다.

수다사는 신라 시대 흥덕왕 때 불교 음악을 칭하는 범패梵唄

를 최초로 전한 진감국사 혜소가 창건한 절이다. 1천 년이 넘은 역사를 가진 셈이다. 수다사 뒤의 연악산 봉우리에 흰 연꽃이 피어있는 것을 보고 지은 '연화사'라는 이름으로 불리다가 화재와 홍수로 여러 번 소실되고 난 뒤 조선 선조 때 다시 증축되면서 수다사로 이름을 바꾸었다. 모든 중생의 고통과 병고를 위무해 줄 구세수, 즉 감로수의 의미를 담은 이름이다.

이름처럼 수다사는 위급한 상황에서 백성들과 나라를 구하는 역할을 톡톡히 했다. 임진왜란 당시 수다사는 주요 의병지였는데, 당시 선산 부사였던 정경달과 사명대사 등이 수다사를 거점으로 일 만여 명의 의승과 의병을 집결시켜 왜군들이 한양으로 올라가는 길목을 차단했다. 특히 사명대사는 직접 일본으로 건너가 당시 일본의 수장이었던 도쿠가와 이에야스와 담판을 지어 포로로 끌려갔던 백성 3천여 명을 데려오기도 했다.

그뿐만 아니라 수다사 주지였던 봉률 스님은 독립운동의 최전선에서 활동했다. 해인사에서 3.1운동을 주도하고, 만주로 가 신흥무관학교를 졸업한 뒤 임시정부 산하의 서로군정서에서 광복군 자금 모금 운동을 주도했다. 항일 투쟁을 이어가던 중 서대문 형무소에 수감되기도 했지만 출소한 뒤로는 수다사와 직지사 주지로 부임해 포교에 집중했다. 그 공로가 인정되어 봉률 스님은 1996년 건국훈장을 받기도 했다.

오랜 역사 속에서 수다사는 위기에 빠진 나라와 백성들을 구했다. 수차례 화재와 수해를 겪으면서 많은 부분이 소실되어 사찰의 크기는 작아졌지만, 선조들의 애국과 애민 정신으로 1천 년이 넘게 자리를 지켜오고 있다. 현재 수다사 주지 스님인 법매 스님은 천년 도량 사찰 수다사를 지킨 선조들의 정신과 역사를 널리 알리기 위해 애쓰고 있다.

4

가야와 신라 시대의
중심도시를 톺아보다

긴 역사의 흐름 속에 구미의 행정 중심지는 시대에 따라 조금씩 변화해 왔다. 청동기 시대를 거쳐 철기 시대에 들어서면서 구미 지역은 신라, 백제, 가야 세력의 경계에 있다가 점차 신라에 편입되었다. 원삼국 시대에서 통일신라 시대에 이르기까지 구미의 중심지는 지금의 해평면 낙산리 일대였다. 이후 고려와 조선 시대에는 선산과 인동이 중심지 역할을 했고, 현대에 와서는 구미 시내권으로 중심지가 옮겨졌다. 행정의 중심은 옮겨갔지만, 해평면은 바다처럼 너른 들판이 있는 전형적인 벼농사 곡창 지대로 오랫동안 구미의 지역 경제를 이끄는 중요한 역할을 해 왔다.

해평면 낙산리 고분군

낙동강 강가 나지막한 구릉지대(월파정산, 정묘산, 불로산 등 약 7만 평)에 크고 작은 고분들이 250여 기나 모여 있는 낙산리 고분군이 있다. 이 중에는 지름이 15~18미터, 높이가 4~5미터나 되는 커다란 고분도 여럿 있다. 이들 무덤은 3세기 말에서 7세기 중반 가야와 신라 시대에 구미 지역에 자리 잡은 소국이나 이에 버금가는 세력의 수장급 무덤으로 추정하고 있다.

무덤을 덮은 봉분은 대부분 원형이다. 특이하게 월파정산-38호분은 두 개의 무덤을 이어 붙여 만든 표주박 모양(표형)인데, 옛 신라 고분에만 나타나는 독특한 형태라고 한다. 무덤 내부 형태는 널무덤, 독무덤, 구덩식 돌널무덤, 앞트기식 돌방무덤 등으로 다양하다. 유물로는 굽다리접시와 항아리를 비롯한 토기류와 고리자루 큰 칼, 쇠 창과 낫 등 철기류, 허리띠 꾸미개, 유리구슬, 은가락지, 금귀고리 등 여러 장신구가 출토되었다.

실제로 가서 보면, 경주의 대왕릉과 다른 독특한 느낌이 있다. 언덕에 올라서면, 올록볼록 솟아오른 크고 작은 고분이 오밀조밀하게 모여 있는 풍경이 참 신기하다. 군데군데 소나무가 있어 더 운치가 있다. 옛 무덤 사이로 난 길을 따라 산책하는 기분이 새롭다.

그런데 딱, 그뿐이라 아쉽다. 문화재 안내판 내용은 마치 전

문 고고학 발굴보고서 같아서 일반인이 이해하기엔 너무 어렵고, 고분군이 만들어 낸 경관 말고는 고대 문명을 경험할 수 있는 다른 무엇이 없다. 안내문에 설명해 놓은 널무덤, 독무덤, 구덩식 돌널무덤, 앞트기식 돌방무덤 등의 다양한 무덤 형태와 출토 유물을 살펴볼 수 있는 전시 무덤이라도 있다면 역사 교육 체험 공간으로 충분할 것인데 아쉽다. 또한 대규모 고분군을 위에서 조망할 수 있는 전망대가 없는 점도 안타깝다.

요즘 지자체에서 고대국가(소국)를 발굴하여 관광자원으로 활용하기도 한다(김천 감문국, 의성 조문국, 경산 압독국 등). 구미는

4세기나 걸쳐 조성된 가야와 신라의 고대 고분군이라는 문화 자산을 가지고 있는데도, 시민들의 무관심 속에서 그저 머물러만 있는 것 같아서 아쉽다. 2021년에 구미시에서 무을에 있는 송삼리 고분군 발굴조사에 착수했다. 앞으로 낙산리 고분군과 황산리 고분군을 엮어 구미의 고대사를 풀어갈 문화유적으로 탐구할 예정이라고 하니 기대해 본다.

낙산리 삼층석탑

보물 제469호로 지정된 낙산리 삼층석탑은 마을 안쪽 논밭 가운데 서 있다. 좁은 시골길을 조심조심 운전해서 근처까지 갈 수 있지만, 날 좋을 때는 마을 어귀에 차를 두고 걸어가면 좋다. 주변 경작지에서 기와 조각들이 발견된 것으로 보아 당시엔 꽤 규모가 큰 절이 있었을 텐데, 지금은 모두 사라져 푸른 하늘 아래 홀연히 삼층석탑만 남았다. 탑은 2단 기단 위에 3층 탑신이 기품있게 올려져 높이가 7.2미터나 된다. 죽장리 오층석탑과 비슷하게 생겼는데, 조성 시기는 그보다 약간 늦은 8세기 통일신라 시대 석탑이다. 원래는 네모반듯하게 짜 맞춰 올렸을 돌 끝이 둥글게 닳아 있어 세월의 흐름이 느껴진다.

　탑은 사람들의 바람을 담고 있다. 1,300년의 세월 동안 수많은 기원을 들어줬을 석탑 앞에서 소원을 빌었다. 순간 바람이 일더니, 탑의 돌 틈 사이로 소원이 스며드는 듯하다. 알았으니 걱정하지 말라는 듯 말이다.

해평석조여래좌상

보천사는 해평면 매봉산 아래 있다. 비교적 잘 알려진 도리사에 비해 아는 사람이 많지 않다. 보천사 입구에 들어서자 설악꽃이 환하게 반겨 준다. 조용한 경내에는 꽃들이 소담스럽게 피어 있었고 한 스님이 나무 아래서 뿌리만 남은 돌단풍 주변을 정리하고 계신다. "스님 뭐 하십니까?" 물으니 "지금은 이래 보여도 겨울나고 내년 봄 되면 붉은 꽃대가 올라오고 흰 꽃이 수북 피지요" 하시며 분주하게 손을 놀리신다. 활짝 핀 돌단풍을 상상하며 돌계단을 올라 석조여래좌상이 모셔져 있는 대웅전으로 올라갔다. 땅속에 오래 잠들어 있다가 불두만 먼저 고개를 내밀었다는, 그 석조여래좌상을 얼른 마주하고 싶었다. 오래 묻혀 있었던 세월 동안 사찰은 임진왜란의 병화로 소실되었고 폐사가 되어 이름만 전해 오다 석조여래좌상이 발견되면서 이곳이 옛 절터라는 것을 알게 되었다고 하니 그 세월의 흔적이 어딘가 있을 것 같았다. 보천사의 법진 스님께 보천사라는 이름은 어떻게 붙여지게 되었는지 여쭈었다. 스님은 손가락으로 해평 솔밭을 가리키며 답하셨다. "부산 하구에서 소금 배가 들어오던 해평 솔밭 근처를 보천탄이라 불렀고, 이 골짜기도 보천골이라 불린 걸로 봐서 보천사라는 이름도 그렇게 불린 것이 아닐까 합니다.”

세 번 절하고 마주한 석조여래좌상은 얼굴이 작고 좁은 편으로 광배에 화려한 불꽃 무늬가 새겨 있다. 결가부좌를 틀고 연꽃 문양 대좌 위에 사뿐히 앉아 계신 모습에서 온화함이 느껴졌다. 좌대는 상, 중, 하 세 부분으로 나뉘어 상층은 위로 향한 연꽃잎이 조각되어 있고 가운데는 팔각기둥 모양인데 각 면마다 불상, 비천상 등이 새겨져 있다. 손은 ‘항마촉지인’ 자세를 취하고 있는데 이는 악마를 항복시킨다는 의미를 담고 있다. 오랜 세월 땅속에 묻혀 있었다는 게 믿기지 않을 만큼 그 형태가 잘 보존되어 있다. 불두만 흙 밖으로 나와 있다가 아이들의 장난으로 마모된 것을 동네 사람들이 시멘트로 복원했고 후대에 화강암 가루로 입혔다는 법진 스님의 설명을 듣고 보니 얼굴과 불상 전체의 색이 약간 다른 것이 보인다. 보통 석조여래는 절 밖에 모시는데 오래 땅속에 묻혀 있던 불상을 그렇게 할 수 없었다고 한다.

대웅전 앞에 서면 해평 솔밭과 낙동강이 보이는 풍경에 가슴이 확 트인다. 그래서인지 이곳으로 출사오는 사진작가들이 꽤 많다고 한다. 화려하지는 않지만 소박한 사찰 모습과 계절마다 경내를 가득 채우는 꽃무리를 보며 마음의 갈피를 헤아릴 수도 있을 것이다. 오래도록 잊혀졌다 우연히 발견된 9세기경 불상을 보며 사찰이 있었음을 짐작했듯, 지금도 불상이 발견된 근처에서 나온다는 막새나 사발 등을 보며 우리는 또 무엇을 짐작할 수 있을까. 시간은 앞으로만 흐른다. 하지만 때때로 놓친 역사의 현장을 해평의 불두처럼 불쑥 고개를 내밀어 알려 주기도한다. 보천사는 다도茶道로도 유명하다. 향기 그윽한 차와 함께 가끔은 놓친 듯 잃어버린 듯해 안타까운 마음을 짚어 보러 오시길. 특히 만발한 돌단풍과 황목단을 보고 싶다면 봄날, 보천사로 발걸음 해 보시길 추천한다.

낙봉서원

구미에는 금오서원을 비롯해 크고 작은 서원이 많다. 서원은 사림이 설립한 사설 교육기관으로 지방 인재 양성소 역할을 했다. 영남 인재의 반은 선산에서 나왔다는 말은 이 지역의 서원을 봐도 짐작할 수 있을 것 같다. 그런 의미에서 낙봉서원은 그 의미가 크다. 이곳에 모신 학자의 면면을 보면 그렇다. 먼저 영남 사림의 기틀을 마련한 강호 김숙자는 성리학자 야은 길재로부터 가르침을 받아 여러 벼슬을 거친 뒤 후진 양성에 힘썼으며, 조선 중기 유학자 송당 박영의 가르침을 받았던 학자 진락당 김취성은 여러 번 참봉에 추대되었으나 벼슬에 뜻을 두지 않고 의학

에 밝아 수천 명의 사람을 살리는 일에 애썼다. 그 외 송당 박영의 제자였으며 명종 때 부사용을 지낸 용암 박운, 학자이자 시인이었던 두곡 고응척, 역시 박영의 제자로 명종 때 청백리로 뽑혀 존경받던 구암 김취문을 추가로 모셔 이 다섯 분의 위패가 낙봉서원에 봉안되어 있다.

　낙봉서원으로 향하던 중 해평공용버스터미널에서 해평시장 쪽으로 걸어 보았다. 선산, 구미, 상주, 안계 정도의 노선만 간간이 운행될 뿐 낡은 간판만 남은 터미널에는 버스를 기다리는 몇몇 노인만 나무 의자에 나란히 등을 기대어 앉아 있다. 한낮의 햇빛이 유리창을 통해 빛바랜 버스 운행 시간표를 비춘

다. 낮게 간판을 단 가게들이 일렬로 서 있는 해평시장. 문을 열고 들어가면 보온병의 믹스커피를 따라 줄 것 같은 다방도 곳곳에 눈에 띄었다. 얼핏 봐도 오래된 떡집과 순대 국밥집을 지나, 간판도 없이 농기구를 진열해 둔 가게를 거쳐 신발 가게를 지난다. 낡고 오래된 것들에서 뿜어져 나오는 뭔지 모를 애틋함이 있다. 부모 세대에겐 추억 여행의 장소로, 아이들에게는 70년대 풍경을 재현한 영화 세트장처럼 느껴질 것도 같다.

해평시장에서 5분가량 차로 이동하면 낙성리 서원마을이 보인다. 깨끗하고 조용한 마을 길가에는 설악꽃이 나란히 줄 맞춰 피었다. 낙봉서원이 보이는 골목으로 들어서자 깨를 터시던 할머니가 하던 일을 멈추고 골목으로 들어서는 나를 눈인사로 반겨주신다. 서원 안으로 들어서니 문화재 관리소에서 나온 사람들이 풀을 베고 있었다. 말끔하게 정돈된 서원 입구에는 옛 선비의 모습처럼 곧게 뻗은 소나무 한 그루가 문 앞에 서 있다. 서원에는 대체로 유교 교육의 상징으로 삼는 은행나무를 심는데 이곳은 지조와 절개의 상징인 소나무를 심은 것이 특별했다. 아래쪽에는 유생들이 거처하던 거경재와 명성재가 있고 중앙 높은 축대 위에 강당인 집의당集義堂이 자리 잡고 있다.

서원은 마을 뒤쪽 경사진 언덕의 야산을 등지고 앉아 있어 햇볕이 잘 들고 전망이 좋았다. 선비들이 학문을 닦으며 고매한 인품을 연마하는 장소로 더없이 좋았을 것 같다. 이 서원은 인조 24년(1646)에 건립되어 정조 11년(1787)에 편액·토지·노비 등을 하사받는 사액서원이 되었으나 서원 철폐령에 따라 고종 8년에 철폐되었다. 그 후에 강당, 외삼문, 사당, 동재, 서재를 여러 차례 다시 지어 복원했다고 한다. 김숙자, 김취성, 박운, 김취문, 고응척, 이 다섯 분의 제를 모시는 사당인 상덕묘象德廟가 서원 뒤편에 자리하고 있다. 서원 가장자리로 물 빠짐이 잘 되도록 돌로 수로를 만들어 놓은 조상들의 지혜가 엿보인다. 서원을 나오다가 입구에서 눈인사를 나누었던 할머니가 아직도 깨를 떨고 계시기에 인사를 건넸다. 할머니는 말동무가 생겨 반가우신지 서원에 얽힌 이야기를 풀어 놓으신다. 여든이 훌쩍 넘으셨다는 박태연 할머니는 이곳 낙봉서원 옆에서 나고 자랐단다. "서원 마당에는 모기 한 마리, 벌레 한 마리가 없어. 이상하지. 바로 옆 우리 집은 모기가 많은데 말이야. 해마다 3월이면 제를 지냈는데 전국 팔도에서 사람들이 왔어. 다섯 분의 후손들이 오니 시끌벅적했지." 5현의 도의와 윤리 정신을 추모하는 추계향사는 지금까지 이어져 오고 있다. "요즘은 학생들이 많이 와. 역사 견학을 오나 봐! 저번에는 점심도 시켜 먹고 놀다 가더라고." 할머니는 바닥에 떨어진 깨를 몽당빗자루로 쓸어모으며 이야길 이어가셨다. 겨울이면 낙봉서원에서 내려오는 물이 얼어 조심해야 한다는 얘기를 들으니 서원 안에 돌로 물길을 만들어 놓은 이유를 짐작할 수 있었다. 할머니께 인사를 하고 나오는데 기어

이 문밖까지 따라 나오셨다. 마당에는 설악꽃, 장미가 어우러져 묘한 조화를 이뤘다. 할머니는 내가 골목 끝에 다다를 때까지 손을 흔들고 계셨다.

북애고택과 쌍암고택

낙봉서원에서 멀지 않은 곳에 북애고택과 쌍암고택이 있다. 골목을 마주하고 돌담이 있고 오른쪽에 쌍암고택, 반대편에 북애고택이 나란히 자리 잡고 있다. 쌍암雙巖고택은 약 400년 전 고성에서 이 마을로 들어와 정착한 입향조인 검재 최수지의 10대손 농수재 최광익이 분가하며 살림집으로 지은 건물이다. 북애北厓고택은 원래 농수재 최광익이 정조 12년(1786)에 둘째 아들 승우의 살림집으로 지어준 것이었으나 뒤에 큰아들 댁과 집을 서로 바꾸었다고 한다.

북애고택은 쌍암고택에서 봤을 때 북쪽 언덕에 있다고 해서 지은 이름이다. 2021년 7월쯤 방문했을 때는 문이 잠겨 안으로 들어가 볼 수 없었다. 돌담 사이로 바라본 북애고택은 넓은 잔디 마당을 지나 안쪽에 자리 잡고 있다. 대문간채와 사당은 사라졌지만 전체적으로 옛 모습을 간직한 채 지금까지 잘 보존되어 있어 후손들이 얼마나 공들여 가꾸었는지 알 수 있다.

쌍암고택은 조선 후기(정조 12)에 지은 집으로 집 앞에 두 개의 바위가 있어 붙여진 이름이다. 그 당시 대문 앞에 있던 두 개의 바위 중 하나는 주춧돌이 되어 있고 하나는 다른 가옥의 담이 되었다. 지금은 재정비에 들어가 철골로 에워싸고 있어 옛 모습을 자세히 볼 수 없는데 예산 확보가 어려워 공사가 중단된 상태라고 하니 더 안타깝다. 비록 고택이 재정비에 들어가 원형 모습은 볼 수 없었지만 언뜻 봐도 양반가의 풍모가 느껴졌다. 목련나무와 회나무가 담장을 지키고, 은행나무의 가득 매달린 은행은 옛 영화를 품고 있는 듯하다. 아이들과 함께 굽어진 골목을 걸으며 옛 고택의 오래된 이야기를 나눠도 좋겠다.

쌍암고택 담장 아래 작은 표석이 눈에 들어왔다. '甲午東學農民軍集結地(갑오동학농민군집결지)'와 '선산해평갑오농민전쟁 전적지'라는 표석이 나란히 서 있다. 1894년 11월(대부분의 문헌에서는 9월 하순이라고 기록한다)에 선산갑오 농민전쟁 의병이 쌍암고택에 설치되었던 일본군 최대 탄약기지본부를 습격했다는 내용이 기록되어 있다. 동학농민운동이라고 하면 전라북도 정읍 일대를 우선 떠올렸는데 구미 지역에도 갑오농민운동이 일어났었다는 것이 놀라웠다. 실제로 당시 동학 세력은 삼남 지방 전역에 두루 퍼져 있었고 선산 일대에 큰 세력을 형성했다.

갑오년 당시 양반 가문이었던 해평 최씨 가문은 청일 전쟁과 동학농민운동의 혼란한 정세 속에서 집을 비우고 경남 합천 두메산골로 피난을 떠났다고 한다. 그러던 중 일본군이 이곳을

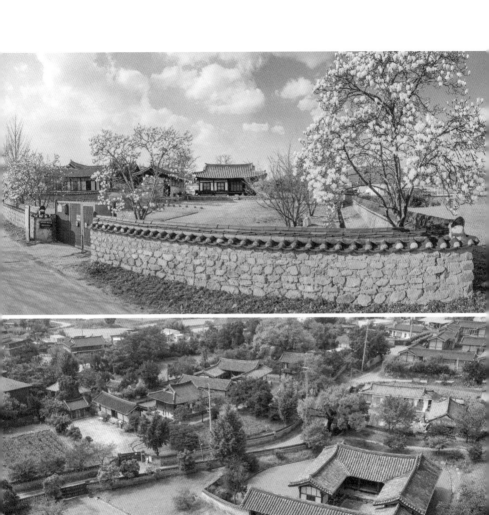

점령해 군수물자를 보관하는 병참기지로 사용했다. 동학농민들이 이곳을 탈환할 목적으로 봉기를 일으켰고 무기가 턱없이 부족했던 농민들은 농기구와 죽창 등으로 일본군을 상대하며 수많은 희생자가 발생했음에도 불구하고 탈환에 실패했다. 고택이 간직한 옛 모습과 더불어 나라를 지키려던 구국의 순연한 모습이 겹쳐 이곳이 새롭게 보였다. 신식 무기를 갖춘 일본군에 농기구와 죽창으로 맞선 선산 동학농민. 그들은 사람다운 세상을 꿈꾼 길재의 후손이 아니던가. 은행나무 꼭대기 매미 소리가 우렁차다.

의로운 개, 의구총

옛날에 우체국관리국(우리)에 근무하는 김성원이라는 사람이 선산 산양(해평면 산양리)에 살았다. 그는 누렁이 한 마리를 길렀는데 그 누렁이가 주인을 잘 따랐다. 어느 날 이웃 동네잔치에 갔다가 잔뜩 취한 그는 집으로 돌아오는 길에 낙동강가 월파정 위쪽에서 정신을 잃고 쓰러졌다. 그때 들불이 일어나 순식간에 그가 누운 곳으로 번졌다. 누렁이가 짖었지만, 주인은 깨어나지 않았다. 그러자 누렁이가 강에 뛰어들어 몸에 물을 묻혀 주인 주변을 뒹굴어 불이 옮겨 붙지 않도록 했다. 그렇게 수십 차례 애를 쓴 끝에 지친 누렁이는 기운이 다해 죽고 말았다. 깨어

난 주인은 물에 젖은 채 죽어 있는 누렁이를 발견했다. 누렁이
가 자신을 구했다는 것을 깨닫고 정성스레 누렁이의 장례를 치
러 주었다. 사람들은 누렁이의 무덤을 '의구총'이라고 불렀다.

　1665년 선산부사 안응창은 이 이야기를 듣고《의구전義狗
塚》을 짓고, 1745년 박익령은 4폭 그림 〈의구도義狗圖〉를 남겼
다. 의로운 개 무덤은 낙산리 고분군에서 일선리 문화재 마을로
가는 길가에 있다. 직접 가 보면 높다란 계단 위에 옛 비석과 봉
분, 그 뒤로 의구도가 새겨진 4폭 화강암 비가 옛 월파정이 있
던 낙동강을 바라보고 서 있다.

　민간에서 떠도는 이야기를 선산 부사가 듣고 기록으로 남

긴 의미는 무엇일까? 아마도 한갓 동물도 주인을 위해 목숨을 바치니 백성도 국가를 위해 충성을 다해야 한다는 속내를 담은 것은 아닐까. 그 속내야 알 수 없지만 주인 김성원과 누렁이 사이에 나눴던 시간과 애정과 추억이, 그것이 쌓이고 쌓여 이어진 마음과 행동의 소중함이 의로운 개 이야기가 담고 있는 진짜 이야기라는 생각을 해 본다.

일선리 문화재 마을

일선리 문화재 마을이라는 이름에서 유추해 한옥마을 같은 관광지로 알고 가면 기대에 어긋날 수 있다. 이곳은 아련한 이주 역사를 가지고 안동에서 온, 버들 양반 전주 류柳씨 가문의 삶터이기 때문이다.

안동 임동면에 수곡水谷 마을이 있었다. 마을 뒷산 아기산 물줄기가 마을을 감싸고 흘러 '물이 많은 골짜기 무실(물실)'이라고 했다. 그곳은 500년 동안 전주 류씨 가문의 터전이었다. 물 가까이에서 버들(류)이 잘 자란다고 류씨 가문이 이곳에 터전을 잡았을 만큼 물 많은 골짜기라 자랑했던 마을은 애꿎게도 1980년대 임하댐이 건설되면서 일대가 모두 수몰당했다. 어쩔 수 없이 새로운 정착지를 찾아야만 했던 전주 류씨 집안은 일부는 임하댐 근처로 이주단지를 만들어 옮겨 갔고, 또 일부는 구미시 해평면 일선리에 새 터전을 만들어 이주했다.

임하댐 수몰 지역에 있던 수곡, 박곡, 한들, 용계 마을에 살던 전주 류씨 집안은 경북의 양반 고을이자 낙동강 물가에 있는 일선리에 다시 새 터전을 잡았다. 70여 호가 이주하면서 수몰 위기에 처했던 수백 년 역사를 가진 문화재도 함께 옮겨 왔다. 수남위 종택, 용와 종택, 호고와 종택, 근암 고택, 임하댁 등 마을 종갓집 및 고택이 옮겨졌다. 그 밖에 만령초당, 삼가정, 침간정, 동암정, 대야정 등의 누각과 정자들이 이곳에 자리를 잡았다. 대부분 경상북도 문화재 자료로 지정되었다.

한 가족이 새로운 도시로 이사 가서 적응하는 일도 쉬운 일이 아닌데, 나고 자란 곳이 수몰되고 한 마을, 온 집안이 새로운 공간으로 이주해서 살아가야 하는 마음은 어떨까? 마을 어귀에 '수류우향水柳寓鄕'이라 적힌 비가 세워져 있다. '물가의 버들(전주 류씨 가문을 뜻함)이 타향 땅을 고향 삼아 잠시 머문다'라는 말에서 촉촉한 물기가 느껴진다.

일선리 문화재 마을은 아스팔트 길로 반듯하게 구획된 거리에 고풍스러운 한옥 건물들이 자리 잡고 있다. 이질적인 환경이 옛 건물과 담장을 더 돋보이게 해 색다른 매력이 있다. 걷다 보니 한옥 대문에 성공회 수녀회 명패가 보였다. 더불어 살아가는 마을이라는 느낌이 들었다. 사진 찍으러 오는 사람들이 종종 보인다. 하지만 일반 관광지라기보다 주민들의 삶터이므로 함

부로 들어가거나 기웃거리지 않아야 한다. 코로나 사태 이전에는 전통 음식문화 체험 등으로 특별하게 만날 기회가 있었는데, 곧 그럴 날이 다시 오길 바란다.

해평 금호연지

> "이 연못에 홍련이 피거든 나의 정신이 살아있음을 알아 달라." ― 아도화상

해평 금호연지는 아도화상이 처음 연꽃을 심은 곳이라는 특별한 역사적 의미가 있다. 주변 연지들은 모두 이곳의 연꽃을 캐다 심었다고 하니 이곳이 구미 지역 연꽃의 시작점이라 할 수도 있겠다. 홍련이 피면 나의 정신이 살아있다고 생각하라는 아도화상의 말 때문일까? 국운이 성하면 연꽃이 성하고 국운이 쇠하면 연꽃도 쇠해서 일제강점기 때는 연꽃이 거의 사라졌다고 한다.

　금호연지에 만개한 홍련을 보려면 7~8월에 오면 가장 좋다. 비 내리는 8월의 여름날, 금호연지를 찾았다. 나무수국과 머루포도 터널을 지나며 연지를 한 바퀴 걸어본다. 바람에 흔들리는 연대를 본다. 빗방울이 연잎 가운데로 모이다 어느 정도 가득해지면 연대가 고개를 숙여 주르르 물을 흘려보낸다. 가득 차

면 비우고, 비우면 채우는 삶의 자세를 말없이 보여준다.

　구미에는 연지가 곳곳에 있는데 금호연지는 상림저수지 물과 낙동강 물이 하나로 모이는 곳이다. 도심에서 조금만 벗어나면 금호연지와 만날 수 있다. 층층이 쌓아 올린 돌탑 사이를 걷다 보면 어수선했던 마음이 차분해진다. 연잎 위로 빗방울 하나가 또르르 굴러와 구슬처럼 반짝인다. 아도화상의 붉은 정신을 생각하며 금호연지를 한참 동안 바라보았다.

해평에서 만난 사람: '연의 하루' 정말순 대표

금호연지를 돌아 나오는데 눈에 띄는 표지판이 보인다. '연의 하루'라는 연꽃 체험장이다. 홍련이 가득하던 금호연지와 다르게 백련이 집 앞에 가득 피었다. 천국의 계단을 연상시키는 하얀 계단 주위로 백련이 가득 피어 있었다. 마침 인상 좋은 한 분이 문을 열고 나왔다. 연꽃 체험장이라는 표지판이 있던데 무엇을 하는 곳이냐고 물으니 끼고 있던 장갑을 벗으며 환하게 웃으시더니 2층에 체험장이 있다며 안내를 했다. 2층 체험장에는 각종 차와 진액이 정갈하게 진열되어 있었고, 가운데에는 아이들이 만든 연밥 사진이 나란히 붙어 있었다. "연잎밥 만들기 체험을 하는데 창의력도 기르고 아이들이 무척 좋아합니다. 코로나 사태 이전에는 일 년에 천 명씩 오곤 했지요." '연의 하루' 대표 정말순 씨의 설명이다. 그는 몸이 좋지 않아 해평으로 들어오게 됐다는 이야기, 농사짓는 부모님을 보며 벼농사 대신 다른 작물을 찾았고 마침 금호연지 곁이라 지역의 특성을 살리자는 마음으로 연을 만났다는 이야기를 찬찬히 들려주었다. 전통적인 판매 방식에서 벗어나 SNS를 활용해 생 연잎과 연잎차 등을 판매하니 반응도 좋고 수익도 더 얻었다고 한다. 주변 농가와 협력해 오색미, 버섯, 건 오미자, 콩, 연잎차를 함께 넣은 행복 꾸러미를 만들어 판매할 정도로 주변 농업인과도 활발하게 소통하고 있다. 2년 전에는 아들네가 귀농해 며느리 김수지 씨가 연잎밥 밀키트, '연잎 키우기' 키트를 개발했으며, 연을 이용한 다양한 체험 행사를 더 만들 계획이라고 전했다. 정말순 대표는 "해평에 있는데 해평 사람이 제일 모르고 구미 사람도 모르지만, 전국적으로는 유명하답니다"하며 웃으셨다. 금호연지에 대한 애착과 농업인으로서 사명감이 빛나는 분이었다. 곧 금호연지의 부들 제거 작업을 할 계획이라며 더 많은 사람이 금호연지를 찾길 바란다고 작은 소망을 비쳤다. "아도화상이 처음 연꽃을 심은 곳이잖아요"하시는데 홍련의 붉은 기운이 그의 얼굴 그득 피어났다.

5

신라불교가
처음 시작된 곳

신라불교 초전지 마을

초전지 마을은 구미시 도개면과 의성군 구천면, 군위군 소보면이 경계를 이루는 곳이다. 남과 북을 가르는 낙동강 덕에 농업기술이 발달했으며, 청화산과 냉산이 마을을 병풍처럼 둘러싸고 있는 마을이다. 낙동강이 흐르는 이 마을 아래로 겨울철새들이 보금자리를 트는 곳으로도 유명하다. 도개리는 신라 시대 모례장자가 살던 곳으로 고구려 승려 아도화상이 모례장자의 집에 머물며 불교를 포교해서 불도가 열렸다 하여 '도개道開'라 하였다. 선산에서 10분가량 차로 이동해 불교 초전지 마을에 도착

했다. 흙담으로 이어진 길을 걸으니 집마다 크고 작은 감나무가 유난히 많이 눈에 들어왔다. 골목이 정돈된 스님의 옷차림처럼 아주 말끔했다.

모례네 우물

감나무가 있는 골목을 따라 걷다 보면 마을 가운데 '모례가 정 毛禮家 井', 즉 '모례네 우물'이 나온다. 우물가에는 향나무 한 그루가 있다. 가까이 가 우물을 살펴보니 직사각형 석재를 사용해 큰 독 모양으로 돌을 쌓아 만들었다. 안내판과 함께 울타리가 쳐 있어 내부를 들여다볼 수 없는 것이 아쉬웠다. 표지판에 따르면 우물의 깊이는 3미터, 우물 바닥은 나무판자를 깔아 만들었다고 하는데 아직 썩지 않았다고 한다. 모례장자 毛禮長者, 즉 모례라는 큰 부자가 살았던 집은 흔적조차 없이 사라졌지만 우물은 1,500년이 흐른 지금도 남아서 이곳의 역사를 말해 주고 있다.

모례는 낙동강을 이용한 교역으로 많은 재산을 모은 사람이다. 그가 한 교역이 국제 무역의 성격이 강했다고 하니 외국 상인도 종종 봐 왔을 터다. 그러니 타국인 고구려에서 온 승려 묵호자에 대한 거부감도 덜 하지 않았을까? 어쩌면 상인의 감각적인 본능으로 묵호자가 평범한 사람이 아님을 느꼈을지도

모른다. 모례는 그의 집에 토굴을 파서 묵호자를 숨겨 머물게
했다.

　　묵호자가 고구려로 돌아간 뒤 또 다른 고구려의 승려 아도
가 세 명의 승려와 함께 찾은 곳도 바로 모례의 집이다. 아도는
유목에 능해 모례의 집에서 지내는 5년 동안 소 1천 마리, 양
1천 마리를 길러 모례를 더 큰 부자로 만들어 주었다니 모례가
사람 보는 안목이 탁월했음을 알 수 있다. 그러면서 모례는 신

라불교 최초의 신자가 된다. 신라에서 불교가 공인되기 이전부터 선산 지역에서는 불교 포교가 이뤄졌고, 왕실 불교와는 달리 아도가 전한 불교는 불교 본연의 정신에 충실한 대승불교였다고 하니 당시 사람들이 누구나 도를 깨치면 부처가 될 수 있다는 믿음을 가졌을 것이다.

　도학의 기본 정신은 사람이 사람답게 사는 데 있다. 사람이 사람답게 사는 것은 어떻게 사는 것일까? 구미 선산 지역의 올곧은 인문학 정신을 이어받는 것, 그 인문학적 토대 위에 알맞은 삶의 균형을 이어나갈 때 사람답게 살 수 있지 않을까. 전통가옥체험관 가운데 우뚝 솟은 아도화상의 동상이 세상을 굽어보는 가운데 노을이 지고 있었다.

전통가옥체험관과 신라불교 초전 기념관

신라불교 초전지 마을 바로 옆에 전통 가옥 체험관이 있다. 이곳은 마치 신라 시대 모례가 살았던 동네를 옮겨온 듯한 느낌이 든다. 전시 가옥인 초가집은 안채, 헛간채, 외양간, 초정으로 나누어져 옛 물건들이 전시되어 있다. 전통가옥체험관 중앙에 아도화상 동상이 세워져 있다. 그 옆으로 작은 연못이 있고 군데군데 투호나 제기차기 등 가족 단위 방문객이 즐길 수 있는 전통 놀이도 마련되어 있다. 사진을 찍을 수 있는 포토존을 지나

흔들의자에 앉아 보았다. 깨끗하게 정돈된 초가집과 초가지붕을 타고 올라가는 호박 넝쿨을 따라가던 눈길을 멈추고 잠시 눈을 감으면 신라 시대로 시간 여행이라도 떠날 것 같다. 작은 정자에는 "신발을 벗고 올라오시오" 하는 팻말이 보이고 교리를 전파하는 듯한 아도화상의 모형이 앉아 있다. 비록 석고로 만든 모형에 불과했지만 어쩐지 그 앞에 앉으니 불교의 가르침을 받는 양 숙연한 마음이 든다. 전통가옥체험관은 깨달음에 이르러 부처가 된다는 의미의 성불成佛, 속세의 모든 속박에서 벗어나 자유롭게 된다는 의미의 해탈解脫, 마음 닦는 공부로 깨달음을 얻게 되는 체험의 경지를 의미하는 견성見性 외에도 오도悟道, 득도得道 등 불교 용어로 체험관의 이름을 정했다. 도심에서 조금만 벗어나면 밤하늘의 별을 보며 전통 가옥에서 하룻밤 지낼 수 있는 곳이다.

신라불교초전지의 기념관은 총 세 개의 관으로 구성되어 있는데 1관 '아도, 신라로 향하다', 2관 '신라, 불교의 향이 퍼지다', 3관 '신라, 불교의 꽃을 피우다'라는 주제와 콘셉트로 구성되어 있다. 신라불교초전지는 다양한 불교의 역사와 문화를 배우고 체험할 수 있는 장소로 자녀들과 함께 나들이하기 더없이 좋은 곳이다. 각종 음악회와 공연, 전통놀이 체험도 경험할 수 있는 복합 공간으로 거듭나고 있다.

신라 최초 가람, 도리사

도리사는 신라 제19대 눌지왕 때 고구려의 승려 아도화상이 포교를 위해 처음 세운 신라 불교의 발상지다. 아도화상이 수행처를 찾던 중 겨울인데도 복숭아꽃과 오얏꽃이 활짝 핀 신비로운 모습을 보고 모례장자의 시주를 받아 절을 짓고, 복숭아와 오얏에서 절 이름을 따 도리사桃李寺라 했다. 아도화상은 도리사에서 정진하다 금수굴에 들어가 입적했다. 도리사는 1677년(숙종 3)의 화재로 대웅전을 비롯한 모든 건물이 전소되는 아픔을 겪었다. 1976년 6월에 아도의 석상이 발견되었으며 1977년에는 세존 사리탑을 해체하는 과정에서 석가모니 진신사리가 발견되었는데 현재는 직지사 성보박물관에 보관되어 있다. 법당인 극락전을 중심으로 태조 선원, 삼성각, 조사전, 요사채 등이 있으며 특히 극락전은 정면 3칸, 측면 3칸의 팔작지붕 다포계 건물로 내부에 목조아미타여래좌상이 봉안되어 있다. 중요문화재로는 보물 제470호로 지정된 삼층석탑 외에도 아도화상 석상, 세존 사리탑, 아도화상 사적비 등이 있어 그야말로 신라불교의 진면모를 볼 수 있는 곳이다.

일주문을 지나면 약 3킬로미터 정도 버드나무길이 펼쳐진다. 아치형으로 굽은 버드나무 터널은 무릉도원으로 들어서는 입구 같다. 이어서 벚나무 길로 접어들어 한참 구불구불한 산길을 따라 올라가면 1주차장이 나온다. 창문을 열자 솔향이 진하게 밀려든다. 산 중턱에 마련된 주차장에 차를 세우고 도리사로 향하는 좁은 길을 따라 올라가면 돌계단이 나온다. 도리사 이름의 기원인 오래된 복숭아나무 한 그루가 돌담 곁에 낮은 자세로 자리를 지키고 있다. 숨을 고르고 돌계단 꼭대기에 서면 신라 최초의 가람 적멸보궁 도리사가 그 모습을 드러낸다.

가장 먼저 반기는 건 맑게 흐르는 약수터이다. 손을 모아 물을 받아 입을 적신다. 약수터 옆에는 건강과 행복을 기원하는 마음이 담긴 종이가 빼곡하게 걸려 있다. 안으로 조금 걸어 들어가니 스님들이 수행하는 선방이다. 수행하기 좋고 도인이 많이 나 영남의 3대 선원 중 '제일도리'라는 별칭으로 유명한 '태조선원'이 그 모습을 드러낸다. 야은 길재가 이곳에서 스님들에게 글을 배웠으며, 근래 선지식인 운봉성수 스님과 성철 스님도 이곳에서 정진했다고 한다. 정면에는 '태조선원' 편액이 걸려 있는데 민족대표 33인 중 한 명인 오세창의 글씨라고 한다. 희미해진 편액과 돌계단에 낀 흰 이끼가 세월의 흔적을 담담하게 보여주고 있다.

극락세계를 관장한다는 아미타불을 모신 법당인 극락전으로 향했다. 효종 1년(1650)에 지문대사가 확장하여 지었다고 전해질 뿐 정확한 건립 연대는 알 수 없다. 고종 때 용해화상이 낡은 부분을 고친 후에 오늘날까지 행태를 유지하고 있다. 지붕의

끝이 위로 삐죽하게 휘어 오른 장식이 멋스럽고 아름답다. 바람을 따라 울리는 풍경 소리에 지붕을 올려다봤다. 지붕의 바깥 구조와 건물 안 닫집의 형상이 경복궁 근정전과 비슷하며, 조선 말기의 건축 특징을 갖추고 있다고 한다. 안에는 인조 23년(1645)에 제작한 아미타후불탱이 모셔져 있다. 극락전 안뜰에 보물 제470호 도리사석탑이 있는데, 이 석탑은 벽돌로 쌓은 전탑의 양식을 모방해 만든 석탑으로 조각 양식과 돌을 다듬은 방법으로 보아 고려 시대 중엽에 세워진 것으로 추정된다. 동서남북 네 면에 길고 네모난 돌을 6~7장씩 병풍처럼 둘러 세워 보통 석탑의 기단보다 높은 것이 특징이다. 아도화상이 좌선을 했다는 좌선대로 발길을 돌렸다. 크고 작은 돌탑이 좌선대 가는 길에 놓여 있다. 그 옛날 아도화상이 이곳에 앉아 불도의 가르침을 새기던 곳이라 그런지 좋은 기운이 흘러나오는 것 같았다. 아도화상은 눌지왕의 딸 성국공주가 원인 모를 병을 앓을 때 향을 피워 낫게 했다고 한다. 오늘날에도 이곳을 찾은 사람들이 아도화상 동상 앞에서 향을 피워 올리며 가족의 건강과 안녕을 빈다.

도리사는 못 온 사람은 있어도 한 번만 온 사람은 없다고 할 정도로 구미 시민이 자주 찾는 장소다. 마음이 답답해 평정심을 찾고 싶을 때 이곳에 오면 탁 트인 하늘과 굽이친 낙동강 줄기가 시야를 가득 채우며 뭉쳤던 마음을 시원하게 풀어 준다.

유홍준은 《나의 문화유산 답사기》에서 "구포에서 바라본 낙동 강은 장려하고, 도리사에서 바라본 낙동강은 수려하다"고 했다. 서대에서 바라보는 낙동강은 그야말로 한 폭의 수려한 산수화 를 연상시킨다. 이곳 서대에서 아도화상이 손가락으로 가리킨 곳에 절을 지으라 했는데, 그곳이 지금의 직지사가 되었다고 하 니 시야를 멀리하면 직지사가 보일 것만 같다. 금오산과 낙동강 이 양팔 벌려 안은 구미를 보고 싶다면 이곳으로 오면 된다. 도 리사는 역사와 자연이 유유히 흘러 오늘의 우리를 있게 한 출발 지며 도착점이라 할 수 있다.

부록1 | 구미의 걷기 좋은 길

테마1. 역사와 함께 걷는 강변길

① 매학정 버드나무길 매학정 ~ 목교 | 편도 4.5km

② 송당정사 강변나루길 송당정사 ~ 쉼터 | 편도 3km

③ 삼열부 승마길 구미시승마장 ~ 삼열부묘소 | 편도 2km

테마2. 가족과 함께하는 생태공원길

④ 지산샛강 생태공원 둘레길 공연장 ~ 주차장 | 편도 3km

⑤ 금오산 올레길 금오랜드 ~ 구미성리학역사관 | 편도 2.7km

⑥ 동락공원 희희낙락길 주차장 ~ 구미과학관 | 편도 5km

⑦ 마제지 둘레길 매학정 ~ 목교 | 편도 3km

테마3. 사색과 명상의 숲길

⑧ 해평임도 천년여행길 일선리문화재마을 ~ 낙산리삼층석탑 | 편도 6.7km

⑨ 선산 뒷골 명상의 길 선산뒷골체육공원 ~ 옥성자연휴양일 | 편도 5.2km

③ 삼열부 승마길

② 송당정사 강변나루길

⑧ 해평임도 천년여행길

⑨ 선산 뒷골 명상의 길

① 매학정 버드나무길

④ 지산샛강 생태공원 들레길

⑦ 마제지 둘레길

⑤ 금오산 올레길

⑥ 동락공원 희희낙락길

부록2 │ 구미의 자전거 타는 길

1. 도로로 장거리 타기 좋은 길

1-1 시민건강33바이크로드

하프코스(17km): 지산낙동체육공원～매학정～산호대교～복귀

풀코스(33km): 지산낙동체육공원～매학정～구미보～산호대교～복귀

1-2 낙동강 자전거 종주길 (55km)

낙동대교～구미보～숭산대교～남구미대교

1-3 김천 농소 · 성주 벽진 방면-벽진코스(80km)

대성지～김천 농소～성주 벽진～복귀

1-4 칠곡 · 대구 방면 (50km)

유학산 느티나무～유학산 휴게소～여릿재～한티재～복귀

1-5 산동 · 군위 방면 (65km)

에코랜드～곰재～땅재～일선리문화재마을～구미보～복귀

2. 산악자전거로 타기 좋은 산길

2-1 선산 산길

비봉산 산길: 선산시장주차장～형제봉 갈림길～부처바위～복귀

선산 주아리 임도: 옥성자연휴양림에서 다양한 코스 설계 가능

2-2 천생산 천해사 산길

천해사～산림욕장～얼음골

3. 산악자전거 경기장

3-1 구미 MTB 챌린저 대회 코스 (45km)

해평청소년수련원～일선리문화재마을～일선 임도～냉산 임도～복귀

3-2 구미 MTB 다운힐 코스

냉산 활공장～산악레포츠공원

3-3 천생산 MTB 경기장 (LAP 방식으로 경기 진행)

천생산 산림욕장 주차장～천생산 MTB 경기장

3-2 구미 MTB 다운힐 코스

1-5 산동·군위 방면 (65km)

2-1 선산 산길

3-1 구미 MTB 챌린저 대회 코스 (45km)

1-1 시민건강33바이크로드

1-2 낙동강 자전거 종주길 (55km)

2-2 천생산 천해사 산길

3-3 천생산 MTB 경기장

1-3 김천 농소·성주 벽진 방면-벽진코스(80km)

1-4 칠곡·대구 방면 (50km)

부록3 | 구미의 산 종주길(총 172.8km)

1 구간	오태동~수점동 수점교	12.8km
2 구간	수점동 수점교~부곡동 구미대	6.0km
3 구간	부곡동 구미대~고아읍 횡산리	9.4km
4 구간	고아읍 횡산리~대조오목길	7.8km
5 구간	대조오목길~무을면 서남재	5.9km
6 구간	무을면 서남재~무을면 안곡리	12.1km
7 구간	무을면 안곡리~옥성면 산촌리	11.1km
8 구간	옥성면 산촌리~옥성면 옥관리	6.3km
9 구간	옥성면 옥관리~옥성면 구봉리	5.3km
10 구간	옥성면 구봉리~의성군 단밀면 낙정리	4.5km
11 구간	의성군 단밀면 낙정리~도개면 갈현고개	11.5km
12 구간	도개면 갈현고개~도개면 다곡리	8.8km
13 구간	도개면 다곡리~해평면 도문리	5.9km
14 구간	해평면 도문리~산동면 백현리	8.1km
15 구간	산동면 백현리~장천면 오로리	11.2km
16 구간	장천면 오로리~장천면 명곡리 효령재	10.8km
17 구간	장천면 명곡리 효령재~장천면 신장리	10.8km
18 구간	장천면 신장리~구평초등학교	7.3km
19 구간	구평초등학교~시미동	10.0km
20 구간	시미동~오태동	7.2km

우리동네, 구미

구미 재발견을 위한 문화안내서

초판 1쇄 발행 2022년 7월 25일

지은이   임수현 · 이진우 · 남진실
감수자   김광수(국사편찬위원회 사료조사위원)

펴낸이   김기중
펴낸곳   삼일북스
신고   2022년 2월 16일 제 2022-000003호
주소   경상북도 구미시 금오시장로 6(원평동)
전화   054-453-0031   팩스 054-451-3153
이메일   info@samilbooks.kr.

도움 주신 곳   구미시
책임편집   김은경   디자인 studio CoCo

ISBN 979-11-979188-0-3(03980)